교과서보다 쉬운
물리학 수업

이야기로 들려주는 물리학 기본 개념

글 안나 파리시, 알레산드로 토넬로

그림 파비오 마냐슈티

옮김 박종순

 북수힐

LA FISICA RACCONTATA AI RAGAZZI

Written by Anna Parisi, Alessandro Tonello
illustrated by Fabio Magnasciutti

교과서보다 쉬운 물리학 수업
이야기로 들려주는 물리학 기본 개념들

초판 1쇄 인쇄 | 2024년 11월 05일
초판 1쇄 발행 | 2024년 11월 10일

글 | 안나 파리시, 알레산드로 토넬로
그림 | 파비오 마냐슈티
옮긴이 | 박종순
펴낸이 | 조승식
펴낸곳 | 도서출판 북스힐
등록 | 1998년 7월 28일 제22-457호
주소 | 서울시 강북구 한천로 153길 17
전화 | 02-994-0071
팩스 | 02-994-0073
인스타그램 | @bookshill_official
블로그 | blog.naver.com/booksgogo
이메일 | bookshill@bookshill.com

ISBN 979-11-5971-606-5

정가 17,000원

• 잘못된 책은 구입하신 서점에서 교환해 드립니다.

서문

친애하는 여러분,

항상 호기심을 잃지 마세요.

주머니에 모든 답을 가지고 있는 것보다 질문을 하는 것이 더 중요합니다. 여러분의 질문에 대한 어떤 대답들은 존재할 수 있고 여러분은 그것들을 공부함으로써(책뿐만 아니라 여러분 자신을 친구들과 비교하고, 더 많은 지식이 있는 사람들의 말을 듣고, 인터넷을 검색함으로써) 찾을 수 있습니다. 다른 대답들은 아직 존재하지 않을 수도 있고, 저에게 일어났던 것처럼 여러분이 그것들을 찾아낼 것입니다.

과학의 위대한 도약은 거의 항상 호기심 많고 상상력이 풍부하며, 너무 많은 지식에 얽매이지 않고, 따라서 자유롭게 새로운 것을 창조할 수 있지만 확실히 질문으로 가득 차 있고 답을 찾는 즐거움을 누릴 수 있는 두뇌를 가진 젊은이들에 의해 이루어졌습니다.

과학을 마주할 때 여러분은 어렸을 때 장난감의 메커니즘을 알아내기 위해 그것을 분해하고 부모님의 머릿속을 "왜?"라는 질문으로 가득 채웠던 것처럼 해야 합니다. 계속 그리하십시오.

여러분이 손에 들고 있는 책은 위대한 과학자들이 역사를 통해 자신에게 물었던 질문을 따라가고 있습니다. 그 대답은 자연을 이해하는 인간 사고의 능력에 대한 아름다운 기념비가 되었으며 오늘날 '고전 물리학'이라고 불립니다. 저는 우리 각자가 자신의 열정을 다음 세대에 물려주는 것이 필수적이라고 생각하기 때문에 정말 기쁜 마음으로 과학적 감수를 맡았습니다. 그리고 연구는 저의 열정입니다. 그것은 여러분 것이 될 수도 있습니다.

차례

처음부터 시작해봅시다

고대 그리스는 매우 높은 수준의 과학 지식에 도달했었지만, 고대 세계가 끝날 무렵에는 그 모든 지식이 거의 남아 있지 않았습니다.

다행스럽게도 동로마 제국의 도서관에는 많은 고대 서적과 이를 읽을 수 있는 능력이 살아남아 있었습니다. 지중해 반대편으로 시야를 넓혀봅시다. 여기서 우리는 동방의 현명한 사람들, 특히 인디언(아메리카 원주민이 아닌 인도인)과 접촉하며 그 문화의 중요한 과학 지식을 흡수한 지적이고 호기심 많은 아랍인들을 발견할 수 있습니다.

서기 7세기에 아랍인들은 북아프리카와 스페인의 거의 모든 지역을 정복했습니다.

아리스토텔레스의 꿈

아랍 제국은 과학과 지식의 발전에 진정으로 관심이 많았던 칼리프들에 의해 통치되었습니다. 서기 8세기에 시리아,

메소포타미아, 이란의 많은 과학자와 철학자들이 수도 바그다드(현재 이라크의 수도)로 초대받았습니다. 이들은 이슬람교도, 유대교도, 기독교도 학자들이었으며 각기 다른 나라에서 왔기 때문에 서로 다른 언어를 구사했으며, 다른 문화를 융합시켰습니다.

이 만남을 통해 모두의 지식이 풍부해졌습니다.

한 전설에 따르면 칼리프 알-마문의 꿈에 위대한 그리스 철학자이자 과학자인 아리스토텔레스가 나와서 그에게 발견할 수 있는 모든 고대 그리스 책을 아랍어로 번역할 것을 부탁했다고 합니다.

알-마문은 곧바로 최고의 인재들을 투입해 알렉산드리아 박물관과 유사한 지식의 집이라는 중요한 학문의 중심지를 열었습니다.

칼리프 덕분에 고대 그리스인들의 많은 저술이 아랍어로 번역되어 오늘날까지 살아남았습니다.

그러나 아랍인들은 그리스어 텍스트를 읽고 번역하는 데 그치지 않고 주의 깊게 연구해 몇 가지 중요한 공헌을 추가했고, 학교를 설립했으며, 정복한 땅에 엄청난 문화유산을 가져왔습니다.

서유럽에서는 학자들의 공식 언어가 라틴어였고 아랍어를 아는 사람은 거의 없었습니다. 하지만 라틴어권 국가인 스페인에서는 학자들이 아랍인들과 오랜 세월 함께 살면서 그들의 언어를 배웠습니다.

그렇기 때문에 서기 1000년 직후 스페인, 특히 톨레도에서 아랍의 과학 문헌이 라틴어로 번역되기 시작했고, 이 책들은 스페인에서 유럽 전역으로 퍼져나갔습니다.

최초로 번역된 작품 중에는 유클리드, 아르키메데스, 프톨레마이오스의 작품이 있습니다.

아랍인인가 인도인인가?

이 텍스트의 중요성은 즉시 인식되었고 따라서 과학 연구에서, 특히 무엇보다 '인도 숫자'를 도입한 아랍인들의 기여 덕분에 수학 분야에서 진정한 부흥이 시작되었습니다.

"피보나치 씨, 사람들이 그러는데 아랍인들이 '인도 숫자'와 무슨 관련이 있는지 알아보려면 당신하고 이야기해보라더군요."

"어느 정도는 관련이 있죠.
아랍인들이 인도인들로부터
숫자를 배웠고, 그 중요성을
이해했으며, 새로운 수학적
발전에 사용했고, 무엇보다
도 그것을 유럽으로 '수출'했
기 때문입니다."

"저는 그것들에 대해 들어본 적이 없습니다."

"오히려 당신은 그것들을 매일 사용하고 있습니다. 이 숫자는 다음과 같습니다."

1, 2, 3, 4, 5, 6, 7, 8, 9 및 0

"'인도 숫자'가 정말 '내가 쓰는 숫자'인 줄은 몰랐습니다. 그러나 인도인들이 대단한 발견을 한 것 같지는 않아요. 그리스인과 로마인도 숫자를 세는 방법을 알고 있었지만 다른 방식으로, 즉 문자를 사용해 숫자를 썼을 뿐입니다. 어떤 하나의 기호나 다른 기호를 사용하는 것에는 큰 차이가 없다고 생각합니다."

"그럼 이 연산을 로마 숫자로 풀어보세요." CVII + III

"내 수치로 환산해볼게요."

$$107 +$$
$$\frac{3 =}{110}$$

따라서:

$$CVII +$$
$$\frac{III =}{CX}$$

"물론 CX는 110을 의미합니다."

"인도 숫자(일반적으로 '아라비아 숫자'라고 부르는 이유는 그것을 우리에게 가르쳐준 것이 아랍인들이었기 때문이다)를 사용하면 계산하기가 훨씬 더 쉬워집니다. '열 연산'을 수행할 수 있는데, 이는 각 숫자의 값이 해당 자리에 의해 주어지기 때문입니다. 내가 CVII + III을 쓸 때, 여러분 머릿속에서는

$$
\begin{array}{r}
107\ + \\
3\ = \\
\hline
110
\end{array}
$$
을 '보고' 그런 다음 7에 3을 더하면 10이 되고, 그리고 최종 결과가 나옵니다.

그러나 불쌍한 고대 로마 학생들은 '위치 표기법'을 사용하지 않았기 때문에 그렇게 할 수 없었습니다."

"당신은 이 새로운 숫자 표기법을 어디서 배웠습니까?"

"저는 1180년에 태어났고 본명은 레오나르도 피사노Leonardo Pisano지만 모두가 저를 '보나치오의 아들'이라는 뜻의 피보나치라고 부릅니다. 어렸을 때부터 이집트, 시리아, 그리스를 여행했습니다. 아버지는 물건을 팔았는데 저는 아버지를 도와 장부를 관리했습니다. 동양의 상인들은 이런 식으로 숫자를 써서 계산을 엄청나게 빨리했습니다. 그래서 저도 그것을 연구해 가능한 한 빨리 유럽에 전파하기 위해 책을 썼습니다."

대학 문화

중세 초기에 사람들은 주로 수도원에서 공부했는데 그곳에서

책을 보관하고 필사도 했습니다. 사실상 인쇄술은 아직 존재하지 않았습니다.

서기 1000년 이후 유럽에서는 다양한 과목에 대한 교육을 받기 위해 일부 교수에게 비용을 지불하는 학생들의 모임인 우니베르시타스universitas가 생겨나기 시작했습니다.

유럽 최초의 대학은 볼로냐 대학으로 1088년까지 거슬러 올라갑니다. 많은 다른 대학들이 다음 세기에 이탈리아에서 생겨났지만, 다른 유럽 국가들에서도 생겨났습니다.

대학 과학 교과서의 경우, 비록 약 1,500년 전에 쓰였지만 가장 '인기 있는' 작가는 아리스토텔레스였습니다.

학생들은 '물리학Physica'(그리스어로 자연을 의미한다)과 천체 운동의 문제를 다루는 '천제에 관하여Del cielo', 아리스토텔레스가 바람,

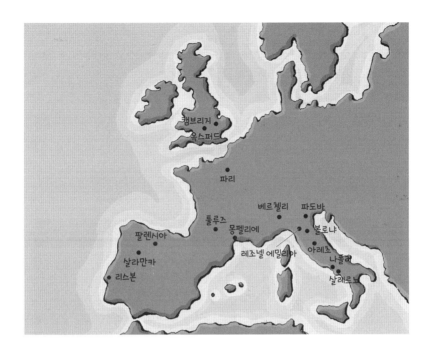

비, 천둥, 번개, 혜성의 통과와 같은 '달 아래 세계(달의 천구 아래)'에서 발생하는 다양한 현상을 설명하는 '기상학Meteorologica' 책들을 공부했습니다.

운동학?

14세기에 대학들, 특히 영국 옥스퍼드 대학의 머튼 칼리지Merton College에서 '운동학'('움직임'을 의미하는 그리스어 kinema에서 유래했다)에 대한 논의가 시작되었습니다. 운동학은 왜 물체가 움직이고 무엇이 물체를 움직이게 하는지는 묻지 않고 물체가 어떻게 움직이는

지를 설명하고자 하는 것입니다.

운동학은 오로지 속도와 이동 거리 그리고 걸린 시간만을 알고 싶어 합니다.

이제 몇몇 영국 과학자들에 대해 알아봅시다. 소개해드리겠습니다. 브래드워딘Bradwardine이 가장 나이가 많고 그다음으로 헤이츠버리Heytesbury, 스와인스헤드Swineshead, 덤블턴Dumbleton입니다.

"만나 뵙게 되어 반갑습니다만… 무식한 탓인지 여러분들의 이름을 들어본 적이 없습니다."

"전혀 놀랍지 않습니다. 모든 사람에게 알려진 과학자는 극소수이며 우리는 중세에 살고 있습니다. 몇 세기 후에 살게 될 과학자들은 매우 흥미진진한 새로운 이론을 내놓을 준비가 되어 있을 것입니다. 우리는 단지 그 길을 닦고 있을 뿐입니다."

"구체적으로 어떤 것에 관심이 있으신가요?"

"우리는 고대 사상가를 연구하고 그들의 추론 방식과 그 결과의 타당성을 이해하려고 노력합니다."

"가장 관심 있는 분야는 무엇인가요?"

"질료를 연구하는 것입니다. 사실 아리스토텔레스에 따르면 모든 실재는 하나의 본체substance와 특정한 성질quality로 구성되어 있습니다. 본체는 물체가 만들어지는 재료이며 변할 수 없는 반면 성질은 다양한 값을 가질 수 있습니다."

"제게는 그게 그다지 명확해 보이지 않습니다."

"예를 들어보겠습니다. 본체인 물을 봅시다. 물을 가열하면 뜨거워지더라도 여전히 물로 남아 있습니다. 따뜻함은 성질입니다. 빨간색으로 물들이더라도 여전히 물은 남아 있습니다. 색상 역시 성질입니다. 창밖으로 던지면 물은 일정한 속도를 얻겠지만, 여전히 물은 남아 있습니다. 따라서 속도는, 다른 많은 것들과 마찬가지로 우리가 관찰하는 대상의 성질입니다."

"음… 그래서요?"

"그래서 우리는 이러한 성질의 양을 계산하는 데 매우 관심이 있습니다."

"혀가 잘 안 도는 말같이만 들리는데…"

"… 오히려 그것은 과학적 문제입니다. 큰 냄비에 물을 데우려면 작은 냄비보다 더 오래 불에 올려놓아야 하지만 결국 두 냄비의 온도는 같아질 것입니다. 더 많은 양의 물을 데우려면 더 많은 양의 열을 사용해야 합니다. 우리는 물체에 있는 다양한 성질의 양을 정확하게 측정할 수 있기를 원합니다. 속도도 측정해야 할 성질입니다."

"'측정'이란 무슨 뜻인가요?"

달리고 또 달리고

"우리는 한 물체가 다른 물체보다 더 빨리 움직이는지 아니면 느리게 움직이는지를 판단하는 방법을 찾아야 합니다."

"달리기 경주에서 누가 이기는지 보세요. 함께 시작해서 누가 먼저 결승선을 통과하는지 알아보면 되죠.”

“그렇다면 당신은 같은 거리를 이동하는 데 다른 물체보다 시간
이 덜 걸리는 물체를 ‘더 빠르다’라고 정의할 것을 제안하는 겁니다.”

“물론 당신은 매우 복잡한 방식으로 말씀하시네요. 어쨌든 예,
결승선에 도달하는 데, 즉 특정 거리(처음부터 끝까지)를 이동하는 데
걸리는 시간이 더 짧은 쪽을 ‘더 빠르다’라고 정의할 것을 제안합
니다.”

“그러나 반대로, 즉 같은 시간에 가장 멀리 도달한 쪽을 ‘빠른’
것으로 정의할 수도 있습니다.”

“그렇군요. 2분 동안 달리는 것으로 할 수도 있겠네요. 2분이 지
나면 ‘정지’하라고 말하고, 누구든 가장 멀리 간 사람이 가장 빠른

거지요."

"좋습니다. 계속해보지요. 출발을 지시하고 두 아이가 달리기 시작했는데 그중 한 아이가 신발 끈을 묶기 위해 멈췄다가 다시 달리기 시작해 다른 아이를 따라잡습니다. 2분 후에 서게 합니다. 아이들이 멈추고 출발선으로부터 정확히 같은 거리에 있는 것을 확인합니다. 따라서 그들은 같은 시간에 같은 거리를 달렸습니다. 그들은 같은 속도로 달린 것입니다."

"말도 안 돼요! 멈춘 아이가 훨씬 더 빨리 달렸어요."

"따라서 '더 빠른'에 대한 우리의 정의가 항상 적용되는 것은 아닙니다."

"글쎄, 조금은 적용되기도 합니다. 달리기 경주를 할 때 멈춘 사람은 불리하겠지만 결승선에 누가 먼저 도착하는지가 중요할 뿐입니다. 그러나 경기 중에 누가 가장 빨리 갔는지 알고 싶다면 이 방법은 효과가 없을 것입니다."

"그게 바로 요점입니다. 물체가 감속하거나 가속하지 않고 항상 같은 속도로 움직인다면, 우리는 물체가 일정한 속도로 움직인다고 말합니다('일정하다'는 것은 '변하지 않는 것'을 의미한다). 그리고 우리는 어떤 거리를 가는 데 걸리는 시간이나, 특정 시간 동안 얼마나 많은 거리를 가는지 측정해 그 속도를 알 수 있습니다. 문제는 속도가 더는 일정하지 않고 변할 때 발생합니다. 예를 들어 물체의 속도가 항

상 증가한다면 매 순간 물체의 속도를 알 수 있을까요? 우리는 그것을 '순간 속도'라고 부를 수 있습니다. 그것은 이전 순간도 아니고 이후 순간도 아닌 특정 순간에 물체가 갖는 속도라고 부를 수 있습니다."

"그렇다면 이 '순간'은 얼마나 작아야 할까요?"
"문제는 바로 여기에 있습니다. 우리는 모릅니다. 우리에게는 많은 어려움이 있습니다. 거리, 시간, 속도를 하나로 묶는 간단한 공식을 사용할 수 있다면 우리는 매우 행복할 것이고 모든 것이 더 단순해 보일 것입니다…"

"그렇다면 왜 그렇게 하지 않으시나요?"
"그건 생각처럼 쉽지 않습니다. 우리는 아직 찾지 못했습니다만… 후대에 그것을 해결할 것입니다. 그러나 우리는 몇 가지 좋은 결과를 얻었습니다. 예를 들어 우리는 물체가 균일하게 가속되는 운동을 하면 특정 시간 동안 이동하는 거리는, 동일한 시간에 가속 운동의 최대 속도의 절반에 해당하는 일정한 속도로 이동하는 거리와 같다는 것을 알았습니다.”

"여러분들, 진정하세요! 여러분은 정말이지 이해할 수 없는 말을, 너무 많은 조건문을 써서 말하고 있습니다.”

"사실 우리는 그 이상은 할 수 없었습니다. 그러나 운동학에 관한 우리 연구는 이탈리아와 프랑스에서도 흥미로운 것으로 생각되었고 그곳에서 깊이 연구되었습니다. 파리로 가서 오렘Oresme이라는 이름으로 역사에 남을 니콜라스 오렘Nicolas D'Oresme을 찾아보세요. 그는 당신이 더 잘 이해하도록 도와줄 겁니다.”

속도 그리기

니콜라스 오렘(1323-1382)은 파리에서 활동했지만 옥스퍼드 학자들의 연구 결과에 익숙했고, 그 역시 속도와 같은 물체의 특성을 측정할 수 있는 가능성에 관심이 있었습니다.

그는 답을 찾고자 했던 문제를 더 잘 이해하기 위해 그림을 그리기 시작했고, 보다시피 큰 도움이 되었습니다. 오렘은 흘러가는 시간을 수평 축에, 물체의 속도를 수직 축에 나타내기로 했습니다. 그것을 그리는 것은 쉽습니다.

물체가 일정한 속도를 갖고 있고 그 값이 20이라고 가정해보겠

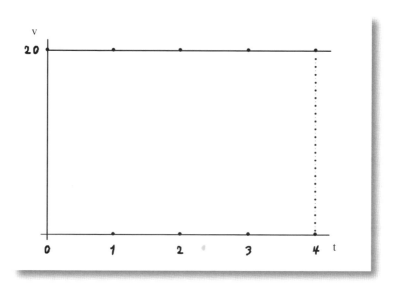

습니다.

　속도가 일정하다면 그것은 절대 변하지 않는다는 의미입니다. 그것은 속도 20에서 시작하고, 시간 1에서도 속도는 20이고, 시간 2에서도… 여전히 20입니다. 그렇게 계속됩니다.

　그 결과를 나타낸 그림은 직사각형입니다.

　이 방법을 사용하면 가만히 서 있다가 움직이기 시작해 항상 속도가 일정하게 증가하는 물체의 운동도 그릴 수 있습니다.

　시간 1에서 속도는 10이고,

　시간 2에서는 20,

　시간 3에서는 30,

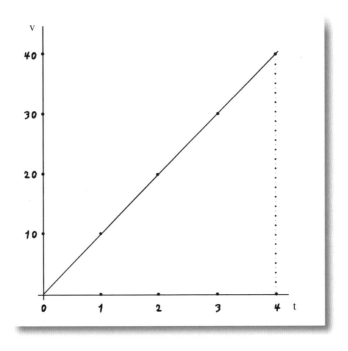

시간 4에서는 40입니다.

이 운동을 그려봅시다. 그림은 이제 더 이상 직사각형이 아니라
삼각형입니다.

2개의 중첩된 운동의 그림을 보면 물체 A(20)의 속도가 물체 B
의 최대 속도(40)의 절반이기 때문에 0에서 4까지의 시간 간격에서
두 물체가 이동한 거리가 같다는 것을 알 수 있습니다. 그것은 머튼
칼리지에서 주장한 것과 정확히 일치합니다.

몇 세기를 더 기다려야 하는 속도의 정확한 정의가 없다면 이 주
장을 엄격하게 증명하는 것은 불가능합니다. 하지만 그림에서 물체

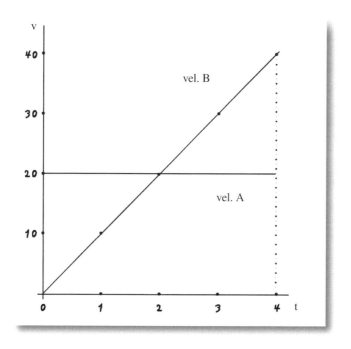

B가 물체 A의 속도에 도달하기 위해 가속하는 데 전반부를 보내지만, 후반부 시간은 물체 B가 물체 A를 따라잡기 위해 계속 가속해야 한다는 것을 추측할 수 있습니다. B는 속도가 2배로 빨라졌을 때만 A를 따라잡을 수 있으며 그보다 늦어서는 안 됩니다.

머튼 칼리지의 학자들과 오렘의 아이디어는 이탈리아로도 전해졌으며, 특히 파도바 대학에서 깊이 있게 연구되었습니다.

컴퓨터 말고도!

15세기 후반부터 세 가지가 유럽인의 삶에 진정으로 혁명을 일

으켰습니다. 인쇄술, 나침반 그리고 아메리카의 발견입니다.

1456년 독일 마인츠에서 한스 구텐베르크는 처음으로 성서를 인쇄했습니다. 인쇄술은 빠르게 확산해 1500년대 말에는 이탈리아에만 50여 대의 인쇄기가 있는 등 100개 이상의 유럽 도시에 인쇄기가 있었습니다. 인쇄술의 발명은 사상의 유통과 지식의 발전에 크게 기여했습니다. 인쇄술이 사상의 순환을 촉진했다면 나침반은 사람의 유통을 촉진해 구름이 별을 가리는 밤에도 먼 바다를 항해하고 항로를 따라갈 수 있게 해주었습니다.

1492년 아메리카가 발견되고 감자, 커피, 옥수수, 토마토(나폴리에서 파스타를 어떻게 양념했었는지 아는 사람), 코코아, 콩, 담배, 칠면조가 유럽에 들어오면서 새로운 동식물 종을 보게 된 '구세계' 유럽인들은 세계의 위대함과 자연의 다양성을 깨닫게 되었습니다.

예술 공방

르네상스라고 불리는 이 시기에는 예술과 과학이 번성했습니다.

예술가의 공방은 진정한 실험실이었고, 젊은이들은 그곳에서 훈련을 받았습니다. 또한 그들은 기술 작업과 기계 제작에도 참여했습니다.

이 공방에서 젊은이들은 조각상을 만들기 위해 돌을 자르고 청동을 주조해 조각상을 만드는 방법을 배우고, 돔과 아치를 만드는 기술을 연구하고, 인체를 가능한 한 충실하게 그리고 모형화하기 위해 해부학(인체 형태)을 탐구했습니다.

회화에서 사물과 사람을 원근감 있게 표현하려면 수학과 기하학에 대한 지식도 필요했습니다. 사실 바로 이 시기의 예술가들이 평면인 종이 위에 입체적인 이미지를 그리는 기술인 원근법을 도입했습니다.

정확한 비율과 기하학적 규칙에 따라 가까이 있는 물체는 크게 보이고 멀리 있는 물체는 작게 보이게 됩니다.

예술가이자 발명가

레오나르도 다빈치가 성장하고 일한 세계는 바로 이런 곳입니다. 레오나르도는 1452년 4월 15일 빈치(피렌체 근처)에서 태어났습니다. 1469년에 피렌체로 이주했고 불과 20세에 이미 화가 조합의 회원이 되었습니다. 레오나르도는 역사상 가장 위대한 화가 중 한 명이었지만 그의 호기심은 그가 우리에게 많은 논문과 연구를 남긴 여러 주제에 대한 탐구로 이어졌습니다. 그는 해부학, 원근법, 기계 제작, 교량 설계 등 많은 것을 다루었습니다.

그러나 별과 행성을 연구하는 데는 전혀 관심을 두지 않았습니다. 관심을 가지기에는 접근이 너무 어려웠기 때문이었습니다.

천문학과 점성술은 대학에서 심층적으로 공부하던 과목이었으며 레오나르도는 대학을 다닌 적이 없었습니다. 그러나 당시 매우 유행하던 점성술에 대한 그의 생각은 분명했습니다.

별이 사람에게 미치는 영향에 대해서는 듣고 싶지 않다. 왜냐하면 이 이론들은 과학적 근거가 없기 때문이다. 예를 들어 전투에서 동시에 죽은 사람의 손을 보면 제각기 다 다르고 그 손금에서 그들의 죽음을 알아볼 수 없다.

천체역학

레오나르도가 21세가 되기 직전인 1473년 2월 19일, 유럽의 다른 구석 폴란드 토른에서 니콜라스 코페르니쿠스Nicolaus Copernicus라는 라틴어 이름으로 역사에 기록된 니콜라스 코페르니크가 태어났습니다.

1491년 니콜라스는 크라쿠프 대학교에 입학했습니다. 그는 졸업하기 전에 학업을 중단했지만 수학과 천문학 과목을 수강했던 것으로 알려져 있습니다.

거꾸로 뒤집힌 우주

1495년에 그는 볼로냐에서 공부하기로 결심하고 볼로냐 대학교회법학부에 등록했습니다. 거기서 그는 천문학자 도메니코 마리아 노바라의 집에서 살았는데, 그는 확실히 그의 배움에 영향을 미

쳤고 그에게 천체 현상을 관찰하도록 격려했습니다. 코페르니쿠스가 처음으로 하늘을 관찰한 곳은 볼로냐였으며, 특히 1497년 3월 9일 오후 11시에 달이 알데바란성 앞을 가리며 지나갈 때의 달의 움직임을 연구했습니다. 그는 관측을 통해 프톨레마이오스의 『알마게스트Almagest』에 보고된 결과 중 일부가 정확하지 않다는 것을 깨달았습니다. 프톨레마이오스는 달이 하늘을 가로질러 움직이는 속도의 변화를 설명하기 위해 지구가 중심으로부터 꽤 멀리 떨어져 있는 달 궤도를 가정했지만, 이는 달이 우리와 가까워지면 실제 우리에게 보이는 것보다 훨씬 크게 보여야 한다는 점을 생각하지 않고 달의 궤도를 가정한 것입니다.

프톨레마이오스의 기하학적 설명은 별의 위치를 잘 설명했지만, 우리가 관찰하는 모든 현상을 설명하지는 못했고, 코페르니쿠스에게 이것은 전혀 좋아 보이지 않았습니다. 프톨레마이오스의 모형은 현실과 아무 관련이 없었습니다. 1501년 코페르니쿠스는 졸업을 하지 않은 채 잠시 집으로 돌아갔다가 다시 파도바로 갔고 그곳에서 의과 대학에 입학했습니다. 1503년 니콜라스는 집으로 돌아가기로 결심했고 학위증 하나 없이 돌아갈 수는 없었으므로 마침내 페라라에서 교회법 전공으로 졸업했습니다. 그가 이 대학을 선택한 이유는 학비가 파도바보다 저렴했기 때문입니다.

위대한 혁명

폴란드로 돌아온 그는 프라우엔부르크에 정착했습니다. 그가 살면서 공부하는 집에는 하늘의 절반만을 볼 수 있는 작은 테라스가 있었습니다. 코페르니쿠스는 집 위에 천문대를 직접 만들었고 800개의 돌로 만든 이 인공 망루에서 역사상 가장 위대한 (그리고 가장 논란이 많은) 과학 혁명 중 하나가 탄생했습니다.

코페르니쿠스의 아이디어를 살펴보기 전에 한 가지 기억해야 할 것은 당시의 천문학자들은 모든 행성이 하늘에서 회전하는 단단한 구체에 고정되어 있다고 믿었다는 사실입니다.

1508년에서 1514년 사이에 코페르니쿠스는 소책자 『천체의 회전에 관하여De revolutionibus orbium coelestis』를 집필했습니다. 코페르니쿠스의 『천구의 공전, 짧은 주석Commentariolus』은 서론에 있는 7개의 소개문에 이미 당시의 사고방식에 충격을 주기 충분한 내용을 담고 있었습니다. 그것들을 봅시다.

1. 모든 천구의 중심은 하나가 아니다.
2. 지구의 중심은 우주의 중심이 아니라 중력의 중심(즉 물체가 그곳을 향해 떨어지는 곳)이며 달의 구의 중심일 뿐이다.
3. 모든 구체는 태양을 중심으로 회전하므로 우주의 중심은 태양 근처에 있다.
4. 지구와 태양 사이의 거리는 궁창의 높이와 비교해 매우 작다.
5. 궁창에 나타나는 모든 움직임은 궁창의 움직임에 달려 있지 않고 지구의 움직임에 달려 있다. 따라서 지구는 지구에 가까운 요소(지표면의 대기와 물)와 함께 고정된 축 주위를 매일 한 번씩 도는 반면 궁창은 움직이지 않는다.
6. 우리에게 태양의 움직임으로 보이는 것은 실제 움직임에 의존하는 것이 아니라 다른 행성과 마찬가지로 태양 주위를 공전하는 지구 구의 움직임에 달려 있다. 따라서 지구는 하나 이상의 움직임을 가진다.
7. 행성의 외관상 역행(뒤로 가는) 운동은 자체 운동 때문이 아니라 지구의 운동 때문이다. 따라서 지구의 움직임만으로 하늘에 나타나는 모든 불규칙성을 설명하기에 충분하다.

무엇이 이상한가?

이러한 반론을 제기한 것은 코페르니쿠스가 처음은 아닙니다. 기원전 약 300년 전에 이미 그리스의 아리스타르코스Aristarchos는

태양이 중심에서 움직이지 않고
지구가 24시간 만에 자전하면서
1년에 태양 주위를 한 바퀴 도는
우주를 설명한 바 있습니다. 무
엇이 새로웠고 혁명은 어디에서
일어났을까요? 가장 먼저 관찰
해야 할 것은 우리 발아래 있는

지구가 절대적으로 정지해 있고, 그 아래로 미끄러지거나 도망치지
않는다는 것입니다. 게다가 잘 알고 있듯이 지구는 크고 무거워서
우주를 돌아다니기에 적합하지 않습니다.

하지만 그것만으로는 충분하지 않습니다. 2번 명제를 다시 읽으
십시오. '지구의 중심은 중력과 달의 구의 중심일 뿐이다.' 이 역시
조금 이상합니다. 첫째는 이 시점에서 2개의 중심이 존재하기 때문
입니다. 하나는 태양 근처에 있는 것으로 지구를 포함한 모든 행성
에 대한 중심입니다. 다른 하나는 달과 그곳을 향해 물체가 떨어지
는 중력의 중심인 지구입니다.

그러나 아리스토텔레스가 말했듯이 모든 무거운 물체가 우주의
중심에 도달하려 한다고 상상하기는 쉽지만, 왜 다른 행성과 마찬
가지로 작은 행성이며 태양 주위를 끊임없이 운동하는 지구의 중심
을 향해 가야 하는지는 분명하지 않습니다. 그렇다면 물체는, 지구
의 중심이 움직이고 있으므로 매 순간 우주의 다른 지점에 도달하
려고 합니다. 그리고 그들은 매 순간 이 중심이 어디에 있는지 어떻

게 알 수 있을까요?

대단한 발견, 아메리카!

지구는 얼마나 빨리 움직여야 할까요? 지구의 자전 속도에 대한 아이디어를 얻으려면 지구의 크기를 알아야 하며 여기에는 미 대륙의 발견이 우리에게 도움이 됩니다. 사실 크리스토퍼 콜럼버스는 지구가 둥글다는 사실을 증명하기 위해 출발한 것이 아니었습니다. 모든 사람이 수 세기 동안 이것을 알고 있었습니다. 그의 목표는 인도와의 새로운 무역로를 여는 것이었습니다. 콜럼버스는 미국에 도착하는 데 필요한 시간보다 훨씬 짧은 시간 안에, 즉 그가 제안한 항해의 절반 정도만 가면 도착할 수 있다고 생각했습니다.

그의 항해는 지구의 둘레가 프톨레마이오스가 생각했던 것보다 훨씬 더 크다는 것을 보여주었고, 에라토스테네스가 기원전 200년경에 계산한 약 40,000 km에 가까웠습니다.

이제 지구의 둘레가 40,000 km이고 지구가 자전하는 데 24시간이 걸린다면 적도에 있는 한 점은 1,600 km/h 이상의 놀라운 속도로 움직입니다!

계산해보면:

$40,000 \text{ km}/24 \text{ h} = 1,666 \text{ km/h}$

그만하면 충분해!

지구가 움직인다는 생각은 받아들이기 쉽지 않습니다. 코페르니쿠스도 이것을 알았고『짧은 주석』을 절대 출판하지 않았습니다.

"코페르니쿠스, 왜『짧은 주석』을 출판하지 않았습니까?"

"제 체계를 계속해서 발전시켰습니다. 더 크고 완전한 책인『천체의 회전에 관하여』를 쓰는 데 몇 년이 걸렸습니다."

"왜요,『짧은 주석』에 모든 것이 담겨 있지 않았나요?"

"원리는 같았지만 행성의 움직임을 계산할 수 있도록 전체 시스템을 개발해야 했습니다."

"그러니까, 태양이 정말로 우주의 중심에 있다는 것을 증명할 필요가 있었군요?"

"제 모형에서 태양은 정확히 중심에 있지 않고 약간 떨어져 있습니다. 우주의 중심은 지구 궤도의 중심에 해당합니다. 어쨌든 그것은 정확히 중심에 있지 않으며, 태양은 정지해 있고 지구는 자전하고 있습니다. 그러나 이것은 증명할 수 없으며 지구가 회전하고 있다는 것을 명백하게 보여주는 것은 아무것도 없었습니다. 그러나 만약 내가 행성의 모든 움직임을 계산할 수 있고, 하늘에서 관찰되는 현상에 대한 설명을 찾을 수 있으며, 게다가 내 시스템이

프톨레마이오스의 시스템보다 더 간단하다면 사람들이 우주가 정말 제가 말한 대로 조직되어 있을 가능성이 있다고 생각하게 되기를 바랐죠."

앞으로 뒤로

"어떤 현상을 설명하는 데 관심이 있으신가요?"

"먼저 행성의 역행 운동입니다. 그것들을 설명하기 위해 프톨레마이오스는 매우 복잡한 시스템을 구축해야 했습니다. 반면에 태양이 정지해 있고 지구가 회전하고 있다는 것을 인정한다면 설명이 매우 자연스러워집니다. 그림을 보세요."

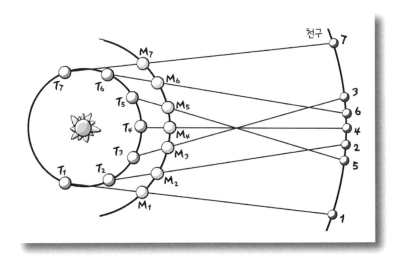

"우리는 행성들이 항성에 대해 정지하고 뒤로 움직이는 것을 봅니다. 그러니까 예를 들어 지구는 T_1에서 시작해 회전합니다. 그때 화성은 M_1에 있고 항성의 천구를 기준으로 위치 1에서 볼 수 있습니다. 지구가 T_2에 있고 화성이 M_2에 있을 때 우리는 그것을 위치 2에서 봅니다. 즉 '앞으로' 움직이고 있고 위치 3에 있을 때도 마찬가지입니다. 그러나 지구가 T_4에 있고 화성이 M_4에 있을 때는 화성이 위치 4에 있으므로 앞선 위치 3과 비교해 '뒤로' 이동한 것으로 보입니다. 이 '뒤로 이동'은 겉으로만 나타납니다. 실제로 화성은 앞으로만 이동했지만 지구도 앞으로 이동하면서 화성을 따라잡았습니다. 그래서 우리는 화성이 위치 4에 있는 것을 보게 되고 우리에겐 화성이 되돌아간 것처럼 보입니다. 위치 5에서도 같은 일이 발생해 '더 뒤로' 이동한 다음 위치 6과 7에서 다시 앞으로 나아가기 시작합니다."

"그리고 이 모든 것은 원 운동만으로 이루어졌군요! 플라톤이 원 운동만으로 행성의 역행 운동을 설명한 철학자에게 상을 주겠다고 약속했다는 사실을 알고 계셨나요?"

"하지만 플라톤이 과연 지구가 움직인다는 생각을 받아들였을지 누가 알겠어요?"

"당신은 이걸 어떻게 생각해냈습니까?"

"저는 프톨레마이오스를 매우 주의 깊게 연구하면서 한 가지 문제에 집중했습니다. 예를 들어 화성 시스템을 살펴보겠습니다. 프톨레마이오스는 지구 주위에 화성의 구와 주전원을 만들었고 화성은 주전원 위에서 회전하도록 했습니다. 주전원은 그림에서 볼 수 있는 가장 작은 원으로, 그 중심은 항상 행성의 구를 따라 움직입니다."

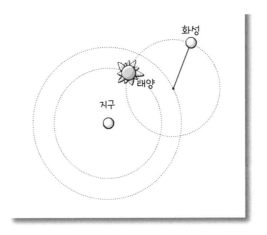

"이제 원을 바꿔봅시다. 작은 구와 큰 주전원을 만들어봅시다. 우리는 큰 구를 작은 구로 바꿨을 뿐이고 그 반대의 경우도 마찬가지입니다."

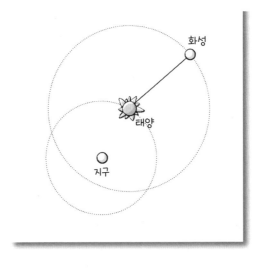

"우리가 얻는 것은 첫 번째 그림을 사용하든 두 번째 그림을 사용하든 지구에서 보면 항상 같은 방향으로 행성을 볼 수 있다는 것입니다. 그러나 두 번째 그림에는 놀라운 참신함이 있습니다. 태양은 항상 지구와 큰 원의 중심을 연결하는 방향에 있습니다. 따라서 태양, 지구, 화성을 동시에 포함하는 단일 시스템을 구축하는 것이 가능합니다. 이제 화성과 태양을 결합할 수 있다면 목성도 결합할 수 있을 것입니다. 그리고 저는 성공했습니다. 천천히 모든 행성을 하나의 시스템에 넣었습니다."

"그러나 지구는 항상 중앙에 있고 움직이지 않는 것처럼 보입니다."

"이 수학적 모델에서는 확실히 그렇지만 안심할 수 있습니다. 이 모형은 현실을 나타내지 않습니다."

"그걸 어떻게 알 수 있나요?"

축구공처럼

"구가 교차한다는 단순한 이유 때문입니다. 하지만 구가 고체라면 어떻게 교차할 수 있겠습니까? 2개의 유리잔을 교차시키려고 시도해본 적이 있나요? 불가능하지요. 기껏해야 서로 안에 넣을 수는 있지만 절대 교차하지 않습니다."

"구들이요? 하지만 행성들이 단단한 구체에 고정되어 있다고 확신하십니까?"

"물론입니다! 고정된 별들이 변하지 않는 단단한 구체에 잘 놓여 있지 않다면 어떻게 항상 서로 같은 거리를 유지할 수 있을까요? 축구공을 본 적이 있습니까? 흰색에 검은색 무늬가 있죠. 왜 검은색 조각들이 항상 서로 같은 거리를 유지한다고 생각하시나요? 단단한 구 위에 그려져 있기 때문입니다. 그러나 공은 변경할 수 없는 것이 아니며 공을 누르면 검은색 무늬의 거리가 조금씩 변하는 것을 분명히 볼 수 있습니다. 이것은 별에서 절대로 일어나지 않습니다. 그리고 또 다른 문제가 있습니다. 구가 존재하지 않는다면 이 모든 것이 어떻게 하늘에 붙어 있을 수 있을까요?"

"글쎄요, 제 생각에 우리는 원점으로 되돌아온 것 같습니다. 모델은 아름답지만 확실히 실제는 아닙니다."

40

"맞습니다. 그러나… 그 모델을 가지고… 태양을 제자리에 세우고… 지구가 돌게 하면… 짜잔, 모든 것이 해결됩니다. 아름답고 단순하며 구들은 더 이상 교차하지 않습니다."

"이런, 대단하네요! 그래서 확신이 들었나요?"

멋진 비율

"글쎄요, 아직은 아니죠. 저는 몇 가지 계산을 시작했습니다. 이렇게 가정해보죠. 태양은 정지해 있고, 지구는 회전하고 있으며, 우리는 태양보다 우리에게 더 가까이 있는 금성을 보고 있다고요. 금성과 태양 사이의 각도를 측정합니다. 이 각도는 지구에서 볼 때 금성이 위치 A에 있을 때, 즉 작은 사각형으로 표시된 각도가 90°일

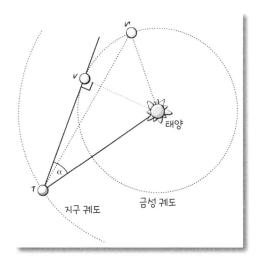

41

때 최대가 됩니다. 우리가 태양을 보는 각도 α('알파'라고 읽는다)를 측정할 수 있습니다. 이제 수학자들은 지구와 태양 사이의 거리를 기준으로 금성과 태양 사이의 거리를 계산할 수 있습니다. 특히 지구와 태양 사이의 거리가 1이라고 하면 금성과 태양 사이의 거리는 0.72입니다."

"좋습니다. 그래서요?"

"이런 식으로 지구와 태양 사이의 거리(상대 거리)와 비교해 태양에서 행성까지의 평균 거리를 계산한 다음, 각 행성이 태양 주위를 한 바퀴 완전히 공전하는 데 걸리는 시간(주기)도 계산해보았습니다."

"계속하세요."

"우주는 아름다운 비율을 이루고 있습니다."

"무슨 말씀이죠?"

"보세요, 태양에 가장 가까운 행성은 공전하는 데 가장 적은 시간이 걸리고, 태양에서 멀어질수록 더 오래 걸립니다. 멋지지 않나요? 그리고 지구의 데이터도 완벽하게 맞아떨어집니다. 지구는 태양에서 세 번째로 가까운 행성이고 한 바퀴를 도는 데 세 번째로 긴 시간이 걸립니다…. 데이터가 맞아요, 지구는 움직이고 있습니다."

행성	상대 거리	주기(날)
수성	0.387	88
금성	0.723	225
지구	1.000	365
화성	1.520	687
목성	5.200	4,333
토성	9.540	10,759

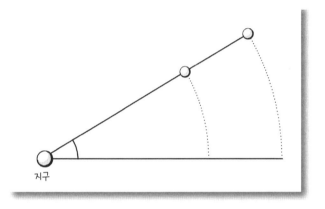

지구

"멋지군요. 당신 말이 맞아요. 하지만 지구를 중심에 두고 같은 계산을 해보셨나요?"

"불가능합니다. 지구에서는 행성을 보는 각도만 측정할 수 있고 거리를 측정할 수 없기 때문입니다. 그림을 보세요. 지구에서는 행성이 큰 원에서 움직이든 작은 원에서 움직이든 같은 지점에서 그것을 볼 수 있습니다."

"사실이군요. 코페르니쿠스, 당신이 옳습니다. 이렇게 아름다운 시스템으로 전체 우주의 크기도 계산할 수 있었나요?"

시차?

"아니요, 아주 아주 커야 한다는 것만 압니다. 항성들의 구체는 우리에게서 정말 멀리 떨어져 있을 거예요."

"어떻게 알 수 있죠?"
"항성에서는 시차가 관찰되지 않습니다."

"뭐라고요?"
"매우 간단합니다. 어떤 배경이든 앞에 서세요. 벽에 무언가가 걸려 있다면 완벽합니다. 이제 집게손가락을 올린 상태에서 팔을 앞으로 뻗고 손가락과 사진 가장자리로부터의 거리를 확인합니다. 손가락을 움직이지 않고 왼쪽 눈을 감고, 손가락을 움직이지 않고 오른쪽 눈을 감고 왼쪽 눈을 뜨세요. 손가락이 움직였습니다."

"하지만 저는 손가락을 움직이지 않았습니다."
"물론 손가락은 가만히 있지만 벽에 걸린 그림과 비교하면 오른쪽

눈으로 보면 왼쪽으로, 왼쪽 눈으로 보면 오른쪽으로 움직입니다. 이것이 시차 오차라고 불리는 것입니다.”

"그게 별과 무슨 관계가 있습니까?”

"지구가 움직인다면 지구가 왼쪽에 있을 때 왼쪽 눈으로 보고 오른쪽에 있을 때 오른쪽 눈으로 보는 것과 같으므로 앞에서 손가락을 가지고 봤을 때와 같이 별이 그에 따라 이동해야 합니다. 우리는 이러한 위치 변화를 한 번도 관찰하지 못했습니다. 유일한 설명은 별이 아주 멀리 떨어져 있다는 것입니다. 먼저 한쪽 눈을 감은 다음 다른 쪽 눈을 감아서 멀리 있는 나무를 보면 더 이상 이 오류를 인식하지 못할 겁니다.”

"실례합니다, 코페르니쿠스. 하지만 프톨레마이오스의 연구가 그렇게 많이 잘못되었다면 어떻게 행성의 위치에 대해 꽤 좋은 결과를 내놓았을까요?”

"우리 모델들은 거의 같은 결과를 내놓는데 지구에서 볼 때 행성들은 같은 각도에서 보이기 때문이고 이것은 유일하게 관찰 가능한 것입니다. 대학 시절 제 교수님은 결과가 올바른 논문은 오류가 없거나 오류가 짝수여서 계산에 미치는 영향이 제거된 논문이라고 말씀하시곤 했습니다.”

모든 논리에 반하는

"그렇다면 이 모델을 왜 그렇게 믿으시나요?"

"저는 당신에게 그것을 설명했습니다. 그것은 우주의 아름다운 질서를 표현하고 태양은 모든 것의 한가운데 서 있습니다. 사실 '이 아름다운 성전(우주)에서 누가 이 등불을 모든 것을 한꺼번에 비출 수 있는 곳보다 더 좋은 곳에 둘 수 있겠습니까?' 게다가 제가 정말로 미치광이가 아니라는 것은 피타고라스와 아리스타르코스와 같은 여러 고대 사상가들도 지구가 우주에서 움직인다고 주장했다는 사실에 의해 증명됩니다. 제가 미쳤다면 적어도 저만 그런 건 아닙니다!"

"위로가 되네요. 하지만 지구가 24시간 안에 자전하기 위해서는 얼마나 빠른 속도를 가져야 하는지 계산해보셨나요?"

"이 속도가 아무리 빠르다고 해도 고정된 별들로 이루어진 거대한 구체가 같은 회전을 하는 데 필요한 속도에 비하면 훨씬 더 느릴 것입니다. 사실 별의 구체는 지구의 구체보다 엄청나게 큽니다."

"그러나 지구상에서 물체의 '자연스러운' 운동은 원형이 아니라 직선입니다(돌은 똑바로 떨어지지 회전하지 않는다)…."

"그러나 지구는 구이고 구의 자연스러운 움직임은 구르는 것입니다…."

천재가 수줍어할 때

코페르니쿠스는 실제로 극도로 신중한 '혁명가'였습니다. 그는 모든 사람의 비웃음을 사는 것을 두려워했습니다. 그의 모델이 너무 터무니없어 보였으니까요. 그토록 크고 무거운 지구가 하늘을 가로질러 '던져진다'고 생각하기는 쉽지 않습니다. 더군다나 일상의 경험은 그 반대를 말해줍니다. 우리 발아래 있는 지구는 가만히 있고 움직이지 않으며 우리는 이것을 확신합니다. 또한 코페르니쿠스는 행성에 대한 관측이 맞아떨어지도록 구의 운동에 몇 가지 수정 사항을 추가해야 했기 때문에, 그의 우주는 결과적으로 프톨레마이오스의 우주만큼 복잡하다는 것이 밝혀졌습니다. 다음 페이지에서 모델을 비교할 수 있습니다.

코페르니쿠스는 한 사람이 개입하지 않았다면 아마 어떤 것도 출판하지 않았을 것입니다. 그 사람의 진짜 이름은 게오르크 요아힘 폰 라우헨Georg Joachim von Lauchen으로 1514년에 라에티아(현재의 스위스와 오스트리아에 해당한다)에서 태어났고 역사에는 레티쿠스Rheticus라는 별명으로 기록되었습니다. 독일 비텐베르크 대학교의 수학·산술 및 기하학 교수였던 레티쿠스는 코페르니쿠스의 아이디어에 대해 들어본 적이 있었지만 이 주제에 관해 발표된 것이 아무것도 없었으므로 이 수상한 사건에서 몇 가지를 이해하기 위해 직접 그 과학자를 방문하기로 했습니다.

레티쿠스는 1539년에 코페르니쿠스를 찾아갔고 『천체의 회전

47

코페르니쿠스 모델

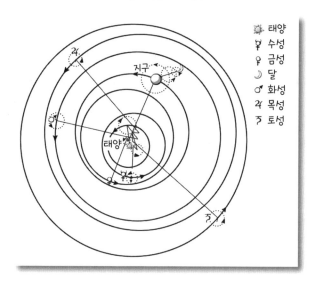

☀	태양
☿	수성
♀	금성
☽	달
♂	화성
♃	목성
♄	토성

프톨레마이오스 모델

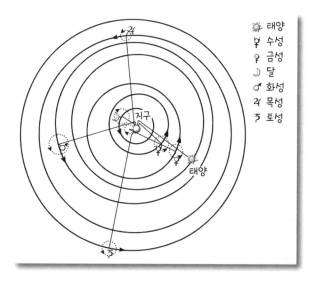

☀	태양
☿	수성
♀	금성
☽	달
♂	화성
♃	목성
♄	토성

에 관하여』의 원고를 읽자마자 코페르니쿠스 사상의 참신함과 강점을 깨달았고 이제 세상이 이것에 대해 알아야 할 때라고 생각했습니다. 이를 위해 그는 폴란드 과학자의 생각을 설명하는 『지동설 서설Narratio Prima』이라는 책을 집필했습니다.

거기에서 나온 몇 문장이 여기 있습니다.

코페르니쿠스가 보여주듯이 천체의 진정한 지성은 균일하고 규칙적인 지구의 움직임에만 달려 있다. 여기에는 의심의 여지없이 신성한 것이 존재한다…. 우리가 자연의 창조주인 신에게 단순한 시계공에게서 볼 수 있는 능력을 부여하지 못할 이유는 무엇인가? 그들은 기계 장치에서 불필요한 바퀴를 피하려고 모든 주의를 기울인다….

과학계가 코페르니쿠스의 아이디어를 알게 된 것은 『지동설 서설』을 통해서였지만 레티쿠스는 『천체의 회전에 관하여』를 출판하는 데도 성공했습니다. 그는 1543년 5월 24일 코페르니쿠스의 손에 이 책을 전달했고, 코페르니쿠스는 영원히 눈을 감기 직전에 자신의 걸작을 보았습니다.

아니, 코페르니쿠스, 그렇지 않아요

이러한 혁명적인 생각에 대한 반응은 특히 교회들로부터 극도로 가혹했습니다.

'교회'가 아니라 '교회들'이라고 말해야 하는데 왜냐하면 루터파 교회의 분리가 바로 코페르니쿠스가 살아 있는 동안 일어났기 때문입니다.

1539년 루터교 창립자 마르틴 루터는 코페르니쿠스를 "성경을 거스르는 싸구려 천문학자"라고 불렀습니다. 프랑스의 종교 개혁가 칼뱅도 같은 의견을 공유하며 성경의 모든 말씀은 과학적 문제에 대해 말하고 있더라도 진리로 여겨져야 한다고 주장했습니다.

가톨릭교회는 나중에야 공식적인 비난의 입장을 취했지만 이미 새로운 이론이 탄생한 첫해에 코페르니쿠스주의가 모든 과학이 신학에 종속되어야 한다는 원칙을 위반했다고 주장하면서 공개적으로 비판한 신부들이 적지 않았습니다. 코페르니쿠스의 이론은 '어리석고 터무니없고 형식적으로 이단적'인, 즉 신앙의 진리에 반하는 것이었습니다.

천문학자들은 일반적으로 새로운 이론을 받아들이는 데 신중했지만, 특히 그의 모델에서 계산된 데이터가 행성 운동에 대한 관측과 놀랍도록 일치했기 때문에 많은 사람은 코페르니쿠스의 업적을 높이 평가했습니다.

모든 좋은 것은 세 가지로 온다⋯

지금까지 우주를 설명하는 두 가지 방법이 있었습니다. 프톨레마이오스는 움직이지 않는 지구를 중심에 놓았고, 코페르니쿠스는 태양을 중심에 놓았습니다. 또 무엇을 새로 발명할 수 있을까요? 1546년 덴마크에서 태

어난 티게 브라헤Tyge Brahe의 라틴식 이름인 튀코 브라헤Tycho Brahe
가 그 아이디어를 떠올렸습니다. 점성술에 관심이 많았던 튀코는
천체의 현상이 지상의 현상에 영향을 미친다고 굳게 믿었고, 천체
를 주의 깊게 관찰하기 시작했습니다. 이미 16세에 그는 하늘을 살
펴보고 있었고, 하늘은 그에게 뜻밖의 선물을 선사했습니다. 1572년
11월 11일 저녁에 튀코는 새로운 별이 카시오페이아자리에 나타난
것을 발견했습니다.

새로운 별이라고요? 하지만 하늘은 완벽하고 불변해야 하지 않
나요? 사실 아리스토텔레스가 그렇게 말했지만 새로운 별은 거기
있었고, 그것도 엄청나게 밝았습니다.

천천히 별의 색이 변하기 시작했습니다. 흰색에서 노란색, 불그
레한 갈색, 빨간색으로 바뀌면서 점차 어두워지다가 1574년 초에
이르러서는 처음 나타났던 모습 그대로 사라져버렸습니다.

튀코는 이 현상을 인내심을 가지고 주의 깊게 관찰했고 『새로운
별De nova stella』(1573)에 관찰 내용을 발표했습니다.

별과 혜성

덴마크의 왕은 깊은 감명을 받아 특별한 선물을 주고 싶어 했고,
그에게 벤 섬 전체를 영지로 주었습니다. 튀코는 거기에 대규모 천
문대를 지었습니다.

하늘은 여전히 튀코에게 관대했습니다. 1577년과 1585년에 나

타난 혜성을 그에게 선물했
습니다. 그 대가로 그는 그것
들을 주의 깊게 관찰하고 연구
해 매우 흥미로운 결과에 도달
했습니다.

"튀코, 무엇을 알아
냈습니까?"

"혜성은 시차가 거의 없습니다(시차가 무엇인지 기억나지 않으면
44페이지를 다시 읽으십시오)."

"이런, 아주 흥미롭군요…. 그래서요?"

"이것은 그들이 멀리 있다는 것을 의미합니다. 그들은 달보다
지구에서 더 멀리 떨어져 있습니다."

"누가 그렇지 않다고 말한 적이 있습니까?"

"당신은 충분히 공부하지 않았군요. 모두가 반대로 말했습니다!"

"무슨 이유에서요?"

"아리스토텔레스에 따르면 하늘은 완전하고 불변하는 반면 혜
성은 나타났다 사라집니다. 따라서 혜성은 비나 우박과 같은 기상
현상, 즉 모든 것이 변하고 모든 것이 변형되는 달 아래 세계에서만

일어나는 현상에 속해야 합니다."

"그리고 당신은 그것이 사실이 아니라고 확신하나요?"
"불가능합니다. 시차가 너무 작습니다. 제가 관찰한 모든 혜성
은, 아리스토텔레스와 그의 추종자들이 수 세기 동안 아무 근거 없
이 우리가 믿게 만들려고 노력했던 것처럼 달 아래의 공기 중을 움
직이는 것이 아니라 세상 위 천상의 영역에서 움직입니다."

"하지만 혜성도 행성이나 항성처럼 회전하는 천구를 가지고 있
을까요?"

천구는 이제 그만!

"제 생각에 이 천구 이야기는 하늘에서 추방해야 합니다. 천체는
지금까지 많은 사람들이 믿었던 것처럼 다양한 실제 구체로 구성된
단단하고 뚫을 수 없는 물체가 아니라 자유롭고 모든 방향으로 열
려 있다는 것이 혜성의 움직임에 의해 분명히 입증되었습니다."

"맙소사! 당신은 코페르니쿠스보다 더 혁명적인 말을 하시네요."
"위대한 코페르니쿠스의 모델은 매력적이지만 지구가 움직인다
고 그가 말할 때 자연의 원리뿐만 아니라 성경의 권위와도 충돌합
니다. 그래서 저는 의심할 여지없이 지구가 우주의 중심을 차지하

고 있으며 움직이지 않는다는 것이 확립되어야 한다고 선언합니다. 그러나 저는 또한 프톨레마이오스의 모델이 틀렸다고 생각하며 시계처럼 시간을 표시하는 태양과 달 그리고 아주 멀리 떨어져 있는 항성의 천구만이 지구를 회전의 중심으로 삼는다고 생각합니다. 반면 나머지 5개 행성(수성, 금성, 화성, 목성, 토성)은 가이드이자 왕인 태양을 중심으로 공전하고 있습니다."

"그것은 제게 명확하지 않습니다."
"그림을 보세요."

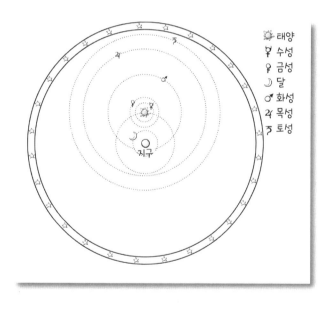

"하지만 화성의 천구가 태양의 천구와 교차하고 있네요…."
"완고한 사람들을 위해 다시 말씀드리겠습니다. 천구는 존재하

지 않고 행성은 공간에서 움직입니다. 화성과 태양의 궤도는 교차하지만 화성은 항상 태양 주위를 공전하기 때문에 두 천체는 결코 충돌할 수 없습니다. 그림에서 위험한 우주 충돌은 절대 일어나지 않을 것임을 알 수 있습니다."

"그런데 왜 이 시기에 여러분 모두가 우주에 대한 새로운 생각으로 깨어났을까요?"

"그것은 우연이 아닐 겁니다…. 아마도 한 인물이, 이 경우 코페르니쿠스가 새로운 이론을 제안했고 그것이 많은 사람이 참여하고 싶어 하는 흥미로운 토론을 시작하게 이끌었을 겁니다. 그리고 이제 시작에 불과합니다. 제가 항상 하늘에서 보내는 신호를 해석하려고 노력한다는 것을 당신은 알고 있습니다. 아마도 새로운 별의 탄생은 자연에 대한 지식의 역사에서 위대한 혁명의 시대가 시작되었음을 나타내는 것일지도 모릅니다. 코페르니쿠스는 천재였고 저도 나쁘지는 않았지만…, 최고는 아직 오지 않았습니다. 그건 그렇고, 당신에게 저의 새로운 협력자 요하네스 케플러 또는 당신네 이탈리아어로는 조반니 케플러를 소개하고 싶습니다."

궤도를 위한 시간

요하네스 케플러Johannes Kepler는 1571년 독일 바일Weil에서 태어났습니다. 그는 튀빙겐 대학교에서 공부했으며, 그의 천문학 교수인 미하엘 메스틀린Michael Maestlin은 코페르니쿠스의 모델과 프톨레마이오스의 모델을 함께 가르쳤습니다. 메스틀린은 젊은 케플러에게 두 모델의 장단점을 따져보라고 권유했고, 케플러는 코페르니쿠스주의자가 되었습니다. 그가 태양 중심 모델의 우월성을 확신하게 된 것은 이 경우 달이 지구 주위를 공전하므로 태양 주위를 공전하는 행성이 6개에 불과하지만, 프톨레마이오스 모델에서는 달도 태양 주위를 공전하기 때문에 7개의 행성이 있다는 점이었습니다.

"정말 죄송합니다만 요하네스, 행성이 6개라는 것이 왜 그렇게 중요하다고 생각하시나요?"

"저는 1596년 『우주 구조의 신비Mysterium Cosmographicum』에서 지고지선한 천주님God Optimus Maximus(나는 창조주를 친근하게 이렇게 부른다)이 세상을 만들고 하늘을 배열할 때 피타고라스와 플라톤 시대부터 널리 알려진 다섯 가지 정다면체를 고려했음을 보이기 위해 노력했습니다."

"그러면 이 다섯 가지 정다면체는 무엇입니까?"
"그림에서 보실 수 있습니다."

"그것들이 왜 그렇게 중요합니까?"
"왜냐하면 모두 동일한 정다각형으로 구성될 수 있는 유일한 입

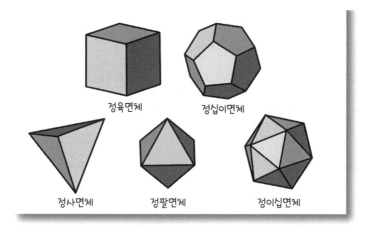

정육면체　　　　　정십이면체

정사면체　　　정팔면체　　　정이십면체

체 도형이기 때문입니다. 정육면체는 변의 길이가 모두 같은 6개의
정사각형으로 이루어집니다. 정사면체, 정팔면체, 정이십면체는 각
각 정삼각형 4개, 8개, 20개로 이루어졌으며 정십이면체는 12개의
정오각형으로 이루어집니다."

"흥미롭지만 우주와 어떤 관련이 있습니까?"

"옵티무스 막시무스 신은 천체의 수, 크기와 운동을 이들 입체
의 특성에 따라 배치했습니다."

"하지만 정말로 확신하십니까?"

"물론이죠. 성부, 성자, 성령의 삼위일체에 해당하는 태양, 항성,
우주와 같은 부동적인 것들의 놀라운 조화는 부동적인 것, 즉 행성
들에서도 조화를 탐구하도록 저를 고무했습니다."

"어떤 조화를 찾으셨나요?"

"십이면체에 내접하는 지구의 궤도가 다른 모든 궤도의 척도입니다. 십이면체를 밖에서 둘러싸는 구는 화성의 구입니다. 정사면체가 화성의 구에 외접합니다. 그것을 포함하는 구는 목성의 구입니다. 목성의 구는 정육면체가 둘러싸고 있습니다. 그것을 둘러싸는 구는 토성의 구가 될 것입니다. 지구의 궤도 안에 이십면체를 그립니다. 그 안에 접하는 구는 금성의 구입니다. 금성 안에 팔면체를 그려보십시오. 그 안에 접한 구는 수성의 구입니다."

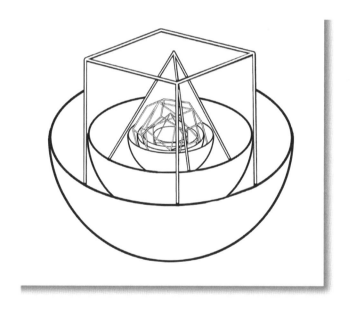

"하지만 서로 내부에 있는 이 이상한 그림이 행성의 궤도를 잘 설명한다고 생각하십니까?"

"보세요. 저는 우연히 한 궤도가 다른 궤도의 2배나 3배 또는 4배 더 큰지 확인하기 위해 더 간단한 다른 조화를 찾으려고 노력했지만 아무것도 나오지 않았습니다. 그러나 이 대담한 기하학적 구조를 통해 얻은 데이터는 코페르니쿠스가 얻은 데이터와 매우 유사했습니다. 그래서 저는 올바른 길을 가고 있다고 생각했습니다."

"세상에! 하지만 이 형상 게임을 정말로 믿는 사람이 있었나요?"

"저는 제 책을 튀코 브라헤에게 보냈고 그는 코페르니쿠스 모델을 인정하지 않았음에도 불구하고 제 계산 능력에 깊은 인상을 받았습니다. 그는 훌륭한 수학자가 필요했고, 그래서 제게 프라하에서 조수로 일해 달라고 요청했습니다. 거기서 그는 덴마크를 떠나 황실 수학자로 일하고 있었습니다."

"다른 사람은 아무도 답장을 하지 않았나요?"

"갈릴레오 갈릴레이라는 이탈리아 사람에게서 편지를 받았는데, 그는 제가 코페르니쿠스 모델을 따르고 있었기 때문에 축하해 주었습니다. 제 생각에 그는 아직 제 책 전체를 다 읽지 않았습니다. 어쨌든 저는 그에게 답장을 보내 우리 둘의 연구에 도움이 될 수 있는 서신 왕래를 구축하려고 노력했지만, 다시는 그로부터 연락이 오지 않았습니다."

황제의 수학자

"그래서 무슨 일을 하셨나요?"

"저는 1601년 튀코 브라헤가 사망할 때까지 함께 일했고, 그 후 그의 황실 수학자 자리를 물려받았습니다. 위대한 튀코 브라헤의 관측량과 데이터의 정확성은 제 연구에 많은 도움이 되었고, 덕분에 1609년에 제 걸작인 『새로운 천문학 또는 천상의 물리학 Astronomia nova seu Physica coelestis』을 완성할 수 있었습니다."

"당신의 이 새로운 천문학이 정말 중요했나요?"

"물론이죠. 그리고 그것은 또한 확실히 '새로운nova' 것입니다. 저는 이전에 한 번도 말해지지 않았던 것을 말합니다. 행성이 속도를 바꾸는 것 같아 보인다는 사실을 알고 계셨나요? 때로는 느리게, 때로는 빠르게 가는 것처럼 보이죠."

"물론 저도 알고 있습니다. 그래서 천문학자들은 항상 이러한 겉보기 속도 변화를 설명하는 방식으로 운동을 구성하려고 노력해 왔습니다."

"음, 속도 변화는 결코 겉보기가 아니라 실제입니다. 행성의 속도는 실제로 변합니다."

"못 믿겠어요. 어떻게 그렇게 말할 수 있나요?"

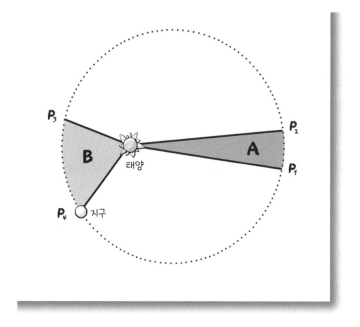

"태양과 행성을 연결하는 선은 동일한 시간에 동일한 면적을 그리기 때문에 측정값은 앞뒤가 맞게 됩니다."

"무슨 뜻인지 설명해주세요."

"그림을 보세요. 행성이 P_1에서 P_2로 이동하는 데 일정 시간이 걸리는 경우, 면적 A(태양과 원호 P_1-P_2 사이)가 면적 B(태양과 원호 P_3-P_4 사이)와 같은 것으로 판명되면 P_3에서 P_4로 이동하는 데 같은 시간이 걸립니다."

"이것이 속도와 어떤 관련이 있나요?"

"P_1과 P_2 사이의 경로가 P_3와 P_4 사이의 경로보다 짧다는 것을

직접 확인할 수 있습니다. 행성이 이동하는
데 같은 시간이 걸린다면 더 느리게 가
야 한다는 뜻입니다. 그렇지만 그림이
잘못되었습니다. 왜냐하면 궤도가
원형이 아니기 때문이죠."

"무슨 말이죠?"

원에서 타원으로

"각 행성의 궤도는 태양이 하나의 초점에 자리한 완벽한 타원입
니다. 오직 이 설명만이 행성의 위치와 속도에 대한 관찰과 들어맞
습니다."

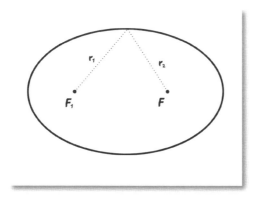

"그러나 그것은 불가능합니다. 궤도는 항상 원형이었습니다!"

"사실 원 하나만으로 행성의 움직임을 제대로 설명할 수 있는 사람은 아무도 없었습니다. 저는 가능한 모든 원형 궤도를 사용해 행성의 위치를 계산하려고 했지만, 관측 데이터는 언제나 불일치했습니다. 약 8분의 오차가 있었죠."

"제가 보기에 그다지 큰 오차는 아닌 것 같네요."

"음, 타원 궤도를 사용하면 이 오차가 사라지고, 더 나아가 하나의 도형만으로 궤도를 기술할 수 있으므로, 더 이상 여러 개의 원이 아니라 단 하나의 타원만 있으면 됩니다."

"하지만 타원은 정확히 무엇입니까?"

"앞 페이지의 그림 같은 것입니다. 수학자들이 그것을 어떻게 정의하는지 알고 싶다면 275페이지로 가십시오. 그것을 그리려면 A와 B에 2개의 핀(이 점을 타원의 초점이라고 한다)을 꽂고 핀에 조금

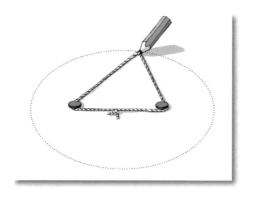

긴 실을 묶습니다. 그림과 같이 연필을 넣어서 실이 팽팽하게 유지되도록 주의하면서 돌립니다. 여기 타원이 나왔습니다. 행성들은 타원을 따라 운동하고 태양은 궤도의 초점 중 하나를 차지합니다."

"이것이 당신이 알아낸 것입니까?"

우주의 음악

"그게 다가 아닙니다. 저는 우주를 지배하는 조화를 계속해서 탐구했고 1619년에 궤도 사이의 기하학적 관계뿐만 아니라 음악적 하모니도 찾아낸 『우주의 조화에 관한 다섯 권의 책Harmonices mundi libri quinque』이라는 제목의 저서를 출간했습니다."

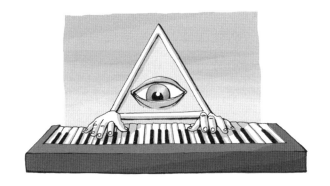

"그러나 이것들은 피타고라스의 아이디어잖아요. 저는 좀 더 현대적인 것을 기대했는데요."

"그리고 피타고라스는 바보였던 것도 아닙니다! 그러나 저는 조화를 찾기 위해 조금 더 나아갔고 다음과 같이 단언할 수 있습니다."

임의로 선택한 두 행성의 주기의 제곱의 비는 두 행성의 평균 궤도 반지름의 세제곱의 비와 같다는 것은 절대적으로 확실하고 정확한 사실이다.

"뭐라고 하셨나요?"

"'케플러의 제3법칙'을 말씀드렸습니다. 그것에 대해서는 276페이지에 설명되어 있습니다. 하지만 걱정하지 마세요. 방정식을 정확하게 이해하는 것은 그리 중요하지 않습니다. 대신 행성이 태양 주위를 한 바퀴 완전히 공전하는 데 걸리는 시간과 태양으로부터의 거리 사이에는 정확한 관계가 있다는 것을 아는 것이 중요합니다. 게다가 이 관계를 수학적 형식으로 쓸 수 있다는 것이 무엇보다 중요합니다. 자연은 수학적 법칙을 따르는 것으로 보이며, 이는 작은 발견이 아닙니다. 우주는 수학과 기하학을 '알고' 있습니다. 그리고 심지어 아주 잘 알고 있습니다. 사실 타원은 그리 단순한 도형이 아니거든요."

이 관계에 도달하기 위해서는 케플러가 가졌던 끈기와 인내심 그리고 아마도 우주에 조화가 존재한다는 흔들리지 않는 믿음 역시 가질 필요가 있었습니다. 케플러는 법칙을 공식화하기 전에 공전

주기와 궤도 반지름 사이에 그가 생각할 수 있는 모든 관계를 시도해보았습니다. 다른 평범한 인간이었다면 진즉에 낙담하고 연구를 포기했을 것입니다. 하지만 케플러는 그렇지 않았습니다. 조화는 존재했고 그는 그것을 찾아야만 했습니다.

케플러의 세 가지 법칙(276페이지에 요약되어 있다)은 오늘날에도 여전히 학교에서 배우고 있지만 당시에는 해결해야 할 가장 큰 문제를 드러냄으로써 오히려 당혹감을 불러일으켰습니다. 행성이 타원 궤도에서 자유롭게 움직이고 더욱이 속도까지 변한다면 행성이 떨어지지 않고 절대 멈추지 않는 이유는 무엇일까요? 무엇이 그들을 움직이게 할까요?

원동력이 필요하다

케플러는 아리스토텔레스와 마찬가지로 모든 물체는 움직이게 하는 원동력이 있어야만 움직일 수 있으므로, 행성은 항상 작동하고 항상 하늘을 가로질러 추진할 수 있는 엔진이 필요하다고 확신했습니다.

같은 해 케플러는 1600년 영국인 윌리엄 길버트William Gilbert가 펴낸 『자석에 관하여De magnete』를 읽었는데, 거기서 그는 특히 구球형 자

석을 연구하면서 지구가 거대한 자석처럼 움직인다고 주장했습니다. 이 때문에 나침반의 바늘은 항상 북쪽을 가리킵니다. 케플러는 다음과 같은 결론에 도달했습니다.

제가 행성의 운동은 물체의 자기력에 의해 생성되어야 한다는 것을 보여주었을 때 마침내 지붕을 얹으면서 제 집짓기는 완성되었습니다. 행성의 원동력은 아마도 극을 향하고 철을 끌어당기는 자석의 특성과 비슷한 것으로 보입니다. 태양의 자전을 설명하기 위해서만 영혼의 힘이 필요한 것 같습니다.

이 설명의 어조는 케플러가 다른 증명에 사용한 것보다 덜 단호합니다. 그러나 어쨌건 비록 그가 확신하지 못한다하더라도, 그는 여전히 수용 가능한 설명을 모색했습니다.

케플러는 우리가 현대 과학자라고 정의할 수 있는 인물과는 전혀 다릅니다. 그는 별의 힘을 믿었고 태양에 영혼이 있다고 주장했으며 행성에서 음악을 찾았습니다. 하지만 그럼에도 불구하고 그는 행성 운동의 세 가지 기본 법칙을 제시했습니다.

갈릴레오 갈릴레이가 그를 한 번도 진지하게 받아들이지 않은 것은 아마도 '매우 상상력이 풍부한' 그의 태도 때문이었을 것입니다.

하늘에서 땅으로

그런데 이 신사는 누구였을까요? 갈릴레오 갈릴레이는 1564년 2월 15일 피사에서 태어났습니다. 의학 공부를 시작했지만 이후 수학에 전념하기 위해 그만두었습니다.

그의 스승 오스틸리오 리치Ostilio Ricci는 제자에게 아르키메데스에 대한 존경심을 물려주었습니다. 아르키메데스는 수학적 도구로 물리학 문제에 접근했으며, 자연을 설명하려면 수학을 사용해야 한다는 생각이 갈릴레오의 마음속에 항상 굳건히 자리 잡고 있었다는 것을 기억해야 합니다.

1592년 갈릴레오는 파도바 대학교의 교수로 부임해 천문학을 심도 있게 연구하기 시작했습니다. 코페르니쿠스 체계를 연구했고 프톨레마이오스 체계를 가르쳤습니다. 어느 시점에서 조수 현상에 관심을 두게 된 그는 조수가 지구 운동의 신호일 수 있다고 생각했습니다. 이러한 추론을 통해 코페르니쿠스 사상의 타당성을 확신하게 되었습니다.

망원경

1609년 봄 갈릴레오는 네덜란드에서 사물을 확대해 볼 수 있는 도구가 개발되었다는 사실을 알게 되었습니다. 그것은 망원경이라 불렸고 바다를 훑어보는 데 사용할 수 있었으며, 맨눈으로 보는 것보다 더 빨리 배가 도착하는 것을 알 수 있었습니다.

그는 즉시 그 아이디어를 마치 자신의 것인 양 베네치아 공화국에 재판매할 생각을 했으며, 그것으로 파도바 대학교에서 교수로 일하게 되었습니다. 이 일로 그는 찬사를 받았고 봉급도 올랐지만 나중에 망원경이 이미 네덜란드에서 사용되고 있다는 사실이 알려지자 총독은 자신을 속인 갈릴레오에게 화를 냈습니다.

그래서 갈릴레오는 총독과 모든 인류 앞에서 진정한 공로를 인정받기로 결심했습니다. 케플러가 『신천문학Astronomia nova』을 발표한 바로 그해에 갈릴레오는 망원경을 하늘로 똑바로 겨누었습니다.

망원경 덕분에 갈릴레오는 한 번도 실제로 본 적이 없는 것을 관찰할 수 있었습니다.

"갈릴레오, UFO를 본 적이 있습니까?"

"바보 같은 소리 하지 마세요. 저는 달을 보았습니다."

"글쎄, 당신은 조금 더 멀리 볼 수도 있었을 텐데요…."

"달에는 산과 계곡이 있으며 그 표면은 지구와 비슷합니다."

"무슨 말씀을 하시는 겁니까? 아리스토텔레스는 모든 천체와 마찬가지로 달도 완전하고 변하지 않는다고 말했습니다."

내 욕망의 거울…

"달의 표면은 지구와 비슷합니다."

"당신은 이미 제게 이것을 말했지만, 당신이 틀렸음을 증명하겠습니다. 달은 태양의 빛을 반사하기 때문에 표면이 완벽하게 매끄럽고 거울과 비슷합니다. 한 줌의 흙이 빛을 반사하는 것을 보신 적이 있습니까?"

"달의 표면은 지구와 비슷합니다…."

"네, 네, 이해했습니다. 하지만…"

"… 그게 바로 태양의 빛을 반사하는 이유예요."

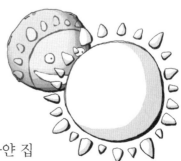

"무슨 말씀이신지?"

"거울을 가져다가 빛이 비치는 하얀 집

벽에 걸어놓으세요. 이제 거울과 집 벽 중 햇빛을 더 잘 반사하는 것이 무엇인지 유심히 살펴보세요."

"거울에서 나오는 빛에 눈이 부시지만… 조금만 움직여 위치를 바꾸면… 거울은 완전히 검게 보이네요!"
"자, 그럼 벽은 어떤가요?"

"벽은 어느 위치에서 보더라도 항상 밝게 보입니다."
"아하, 누구 말이 맞습니까? 달의 표면은 지구와 비슷합니다."

"좋습니다, 좋아요. 당신은 날 설득했습니다. 망원경으로 또 무엇을 보셨나요?"

별, 위성, 행성

"은하수는 수많은 작은 별들로 구성되어 있습니다."

"은하수가 뭐죠?"
"어두운 밤에 하늘을 보면 더 밝고 희끄무레한 줄무늬가 보이는데, 이것이 바로 은하수입니다. 여기 망원경으로 보면 지구에서 아주 멀리 떨어져 있지만 서로 가까이 붙어 있는 작은 별들이 너무 많아서 맨눈으로 보면 하나의 밝은 줄무늬처럼 보입니다."

"다른 이상한 것을 본 적이 있습니까?"

"목성은 4개의 달을 가지고 있습니다."

"과장하고 있다고 생각하지 않습니까? 달은 하나뿐이고, 지금까지 아무도 그게 목성 주위를 돌 거라고 생각해본 적이 없습니다."

"저는 4개의 새로운 천체에 대해 이야기하고 있습니다. 죄송하지만 그건 새로운 것이 아닙니다. 그저 이전에 본 적이 없을 뿐입니다. 맨눈으로는 보이지 않았기 때문이죠. 4개의 천체는 목성 주위를 돌고 있습니다. 마치 달이 지구 주위를 도는 것처럼요."

"하지만 확신하십니까?"

"1610년에 출판된 저의 『별의 사자Sidereus Nuncius』를 읽어보시면 제가 본 모든 것을 명확하게 아실 수 있겠지만, 친절하게도 제가 관찰한 그림도 함께 보여드리겠습니다."

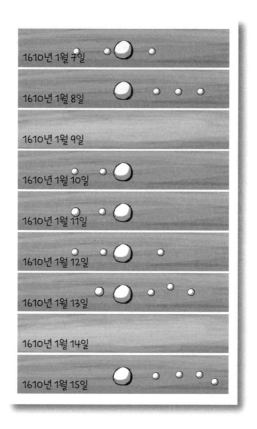

"이 모든 관찰 후에 어떤 생각을 하셨나요?"

"우주는 아리스토텔레스가 말한 것처럼 만들어지지 않았습니다. '천상'과 지구 사이에는 차이가 없으며 행성과 별은 지구와 같은 물질로 이루어져 있습니다. 지구는 다른 모든 행성과 마찬가지로 자전합니다. 코페르니쿠스 이론은 타당합니다."

"천체가 지구와 비슷하다는 것은 이해하지만, 그렇다고 해서 그게 왜 코페르니쿠스의 아이디어가 타당하다고 생각하게 만드는지

74

모르겠습니다."

크고 작은 금성

"다른 증거도 있습니다. 예를 들어 코페르니쿠스 이론에 따르면,
태양 주위를 도는 금성은 서로 다른 크기로 우리에게 보여야 합니
다. 가까이 있으면 크게, 멀리 있으면 작게 보여야 합니다. 또한 항
상 '보름달' 같은 금성을 볼 수 없고, 달과 같이 금성의 4분의 1이
보였다가, 금성의 절반이 보였다가, 금성이 안 보이는 단계를 거쳐
다시 커지기 시작해야 합니다(그림 참조). 맨눈으로 보면 금성은 항
상 작고 밝은 점처럼 보이지만 망원경으로 보면 금성의 위상과 크
기 변화를 관찰할 수 있습니다. 이것은 프톨레마이오스 모델로는
절대 설명할 수 없습니다."

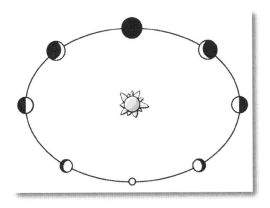

『별의 사자』의 출판은 큰 반향을 불러일으켰습니다. 갈릴레오는

그의 관찰을 통해 아리스토텔레스와 프톨레마이오스의 우주의 토대를 무너뜨렸을 뿐만 아니라 과학 연구의 지평을 넓힐 수 있는 기술적 도구의 사용을 제안했습니다.

이것은 새로운 지평을 열었지만 동시에 새로운 문제도 제기했습니다. 망원경으로 확대된 이미지를 볼 수 있었던 이유는 무엇입니까? '도구'를 통해 관찰한 것은 실제일까요? 아니면 단지 착시 현상일까요? 또한 이런 이유로 당대의 많은 천문학자들은 새로운 관측 결과를 믿지 않았습니다.

아무리 머리카락이 엉켜도 언젠가는 빗에 걸린다

자신의 이유를 뒷받침하기 위해 갈릴레오는 당시 황실 수학자라는 중요한 위치에 있던 케플러의 지원을 구했습니다. 케플러는 젊은 시절 갈릴레오가 자신의 연구에 대한 의견을 구했을 때 한 번도 답장을 보내지 않았음에도 불구하고 『별의 사자』의 사본을 받아 보고는 '별의 사자에 관한 논문Dissertatio cum nuncio sidereo'이라는 답장을 언론에 발표할 정도로 신사적이었습니다.

그러나 케플러는 피사 과학자에게 실망감을 표시할 기회를 놓치지는 않았습니다. "나는 독일인으로서 이탈리아인 갈릴레오의 생각을 따라 진실이나 나의 가장 깊은 신념을 재구성할 정도로 그를 추켜세워야 할 정도의 자격이 그에게 있다고는 생각하지 않습니다." 그러나 이 편지에서 뒤이어 케플러는 갈릴레오의 업적과 그의 결과에 대해 큰 존경심을 나타내면서 "고귀한 성찰의 시작을 위해 진정한 철학의 모든 친구들이 함께 부름을 받았다"고 덧붙였습니다.

겉보기는 속기 쉽다

"보세요, 갈릴레오. 저는 당신의 관찰에 대한 당신의 말을 받아들일 수도 있고 프톨레마이오스 모델이 작동하지 않는다는 것도 받아들일 수 있습니다. 그렇지만 확실한 것은 내 발아래 지구는 움직이지 않고 가만히 있다는 것입니다."

"그걸 어떻게 알 수 있습니까?"

"고대인들이 말했고, 모든 사람들이 항상 말했듯이 만약 우리가 탑에서 돌을 떨어뜨리면 그 돌은 바로 아래로 떨어지지요. 그런데 그 사이에 지구가 조금 동쪽으로 간다면 돌은 조금 서쪽에 떨어져야 합니다. 내가 화살을 동쪽이나 서쪽으로 쏘면 화살은 항상 같은 거리를 날아갑니다. 화살이 날아가는 동안 지구가 반대 방향으로 움직인다면 서쪽으로 더 많은 거리를 날아가고 동쪽으로는 조금만 날아가야 합니다."

"당신이 말하는 것에 대해 확신합니까?"

"물론이죠!"

"좋습니다. 당신은 내가 정지한 수레 위에 서서 화살을 앞으로 쏘면 일정 거리를 날아가고 뒤로 쏴도 같은 거리를 날아간다고 설명하고 있습니다. 맞죠?"

"맞습니다!"

"반면에 수레가 가고 있는데 화살을 앞으로 쏘면 화살은 수레로부터 일정한 거리에서 땅에 닿을 것이고, 뒤로 쏘면 그동안 수레가 앞으로 움직였기 때문에 땅에 박힌 화살과 수레 사이의 거리가 더 멀어질 것입니다."

"이제 추리하기 시작한 것 같군요."
"그럼 필요한 것을 찾아서 시도해보세요!"

"하지만 그런 걸 어디서 찾죠?"

마차, 배… 그리고 기차

"그렇다면 바다가 비단처럼 매끄러울 때 배를 타십시오. 배가 일정한 속력으로 항해하고 있을 때 갑판 아래로 가세요. 당신 생각에 어떤 물체를 다른 방향으로 던지면 배가 어느 방향으로 움직이는지 알 수 있을까요?"

"글쎄요, 생각해본 적은 없습니다. 그런데 배는 어디서 찾을 수 있나요?"

"그렇군요. 당신 시대에는 기차들이 있을 것이고, 그중 어떤 것은 매우 빠를 것입니다. 당신이 기차에 타서 일정한 속도로 움직이고 있을 때(기차가 제동하거나 가속하는 경우는 해당하지 않는다) 공을 앞으로 던지면 뒤로 던지는 것보다 당신에게 더 가까이 떨어졌나요? 왜냐하면 공이 날아가는 동안 기차나 비행기가 앞으로 나아갔으니까요."

"아뇨, 하지만…"

"그리고 만약 당신이 금붕어를 가져오셨다면 그릇 안의 모든 물이 기차 뒤쪽으로 이동하나요?"

"아뇨, 그렇지는 않은 것 같습니다…."

"그리고 기차 창밖을 내다보면 나무가 당신을 향해 오는 게 아니라 당신이 움직이는 거라고 정말로 확신하십니까?"

"무슨 말씀이세요? 움직이는 것은 접니다. 나무는 땅에 단단히

박혀 있습니다!"

"당신은 나무에 발이 없기 때문에 이렇게 말할 뿐입니다. 그러나 당신이 여전히 역에 있고 다른 기차가 옆에 있는데 당신이 천천히 움직이기 시작하면 아마도 반대 방향으로 움직이는 것이 다른 기차인 것처럼 보이지 않습니까?"

"불행하게도 당신 말이 맞습니다. 예, 한번은 제가 움직였는데 다른 기차가 움직이고 있다고 생각했습니다. 이제 그만하세요. 당신은 나를 파괴했습니다. 당신과 이야기하는 것은 정말 힘든 일이군요!"

"얼마나 힘든가요? 이제 시작에 불과합니다. 당신이 가속이나 제동 없이 균일하게 운동하면 당신이 정말로 움직이고 있는지 아니면 가만히 있는지 알 수 없다고 말할 수 있습니다."

"당신은 그렇게 말하고 있습니다."

"물론 이것은 지금까지의 대화를 요약한 것입니다. 기차, 배 또는 자동차를 타고 항상 같은 속도로 움직이면서 밖을 보지 않으면 자신이 움직이고 있는지 정지해 있는지 전혀 알 수 없습니다. 같은 힘으로 공을 던지면 공은 모든 방향으로 같은 거리를 날아갑니다. 금붕어는 집에 있을 때와 똑같이 어항 안에서 움직이며, 물건을 떨어뜨리면 더 멀리 떨어지지 않고 수직으로 떨어집니다."

"잠깐, 잠깐요. 그 얘기는 아직 안 했잖아요."

"좋아요. 우리는 직선으로 달리는 기차를 타고 있고 기차는 빠르게 가고 있습니다. 10도의 속도로 가고 있다고 가정해봅시다."

"'10도의 속도'는 무엇을 의미합니까?"

"이것은 우리가 속도에 부여하는 측정 단위입니다. 1도의 속도는 느리고 10도의 속도는 매우 빠릅니다. 좋습니까?"

"오케이."

"당신은 여행이 지겨워져 공을 가지고 놀기 시작합니다. 공을 공중에 던진 다음 다시 잡습니다."

"그 기분이 얼마나 좋은지 아시죠?"

"당신이 생각하는 것보다 훨씬 더요. 당신은 그렇게 할 수 있다고 확신합니까?"

"제가 공을 던진 다음 다시 잡지 못한다고 생각하세요?"

"아니요. 하지만 공이 공중에 떠 있는 동안 그 아래에 있는 기차는 이동하므로 공이 더 이상 손에 떨어지지 않고 몇 줄 뒤에 앉아 있는 신사분의 머리에 떨어질 것 같습니다."

"하지만 아니죠! 제가 공을 위로 똑바로 던지면 공이 위로 올라

갔다 제 손에 곧장 떨어집니다. 하지만 공을 똑바로 던질 수 없다면… 음, 그것은 또 다른 문제입니다."

"기차가 움직여도 공은 똑바로 날아갈까요?"

"물론이죠, 해보세요!"

"그럼 탑에서 돌을 떨어뜨리면 지구가 돌아가도 바로 아래에 돌이 떨어지나요?"

"한 방 맞았네요. 당신이 이겼습니다."

"그럼 제가 지구가 돈다는 것을 확신시켜 드렸나요?"

"그건 고사하고요! 지금까지 당신은 지구가 돌고 있어도 제가 알아차리지 못한다는 것만 확신시켰어요. 그러나 아마도 당신은 또 다른 작은 문제를 잊고 있을지도 모릅니다. 이 세상의 모든 것이 정지해 있다는 것입니다. 누군가가 밀거나 아리스토텔레스가 말했듯이 어떤 힘이 그것을 움직이게 할 때만 움직입니다. 예를 원하십니까, 아니면 직접 알아보시겠습니까?"

오르막과 내리막

"오히려 당신이 제 추론을 따라올 수 있는지 봅시다. 그림과 같은 경사면을 살펴보겠습니다. 공을 위로 올리려면 공을 밀어야 합니다. 공은 위로 올라가면서 멈출 때까지 점점 더 천천히 굴러갈

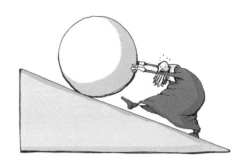

것입니다. 오르막에서는 물체가 지구 중심에서 멀어지므로 속도가 느려집니다. 내리막에서는 중심에 가까워지고 가속합니다."

"당연하죠."

"이제 조금 덜 기울어진 평면에서 실험을 반복해봅시다. 공에 다시 같은 힘을 주면 공은 이번에도 느려지지만 이전보다 덜 느려지고, 같은 힘으로 이전보다 더 긴 거리를 이동할 것입니다."

"당신 말이 맞습니다만 무슨 말씀을 하고 싶은 겁니까?"

"훨씬 덜 경사진 평면을 봅시다. 공은 훨씬 더 멀리 갈 것입니다. 훨씬 덜 기울어진 평면에서 공은 더 멀리 갈 것입니다. 결국 우리는 전혀 기울어지지 않은 평면, 즉 모든 점에서 지구 표면에 평행한 완벽한 구형 평면을 생각할 수 있습니다. 평면이 오르막도 내리막도 아닌 경우 공은 속도를 늦추거나 가속할 수 없으므로 속도가 변하

지 않고 절대 멈추지 않을 것입니다."

"거짓입니다. 제가 공을 차서 공이 오르막도 내리막도 아닌 평평한 도로에서 구른다면 조만간 멈출 거라고 확신할 수 있습니다."

"사실입니다. 하지만 해변에서 실험을 반복해서 같은 공을 가지고 차면 이전에 도로에서보다 공의 이동 거리가 줄어들겠죠?"

"예. 모래는 엉망진창이고, 너무 부드럽고, 울퉁불퉁합니다."

"좋아요. 이제 공을 들고 얼어붙은 호수에서 놀아보세요. 공을 내려놓고 전과 똑같이 차면 얼마나 멀리 갈까요?"

"얼음 위에서 축구를 해본 적은 없지만 도로 위에서보다 더 먼 거리를 갈 거라고 말하고 싶습니다. 얼음이 너무 매끈해서 공을 방해하는 것이 거의 없습니다…."

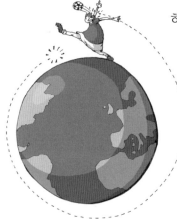

"그럼 표면이 완벽하게 평평하고 완벽하게 매끄럽고… 그리고 잊을 뻔했는데, 심지어 공을 멈출 공기조차 없다면 왜 공이 멈춰 서야 하죠?"

"당신 말이 맞는다고 생각해요. 멈출 이유가 없겠지만… 공기가 없는 곳을 어디서 찾죠?"

"그러면 완벽하게 평평하고 완벽하게 매끄러운 표면은 어디에서 찾을 수 있습니까? 당신은 실험에서 당신이 원하는 결과를 결코 얻지 못하리라는 것을 염두에 두고 실험을 해야 합니다. 왜냐하면 정확히 이 지구상에서는 아무것도 완벽하지 않으며 우리는 공기를 제거할 수 없기 때문입니다. 그러나 머릿속에서는 모든 방해 요소를 제거할 수 있고, 방해 요소를 모두 제거할 수 있다면 상황이 어떻게 돌아갈지 이해할 수 있습니다."

"당신은 저를 설득했습니다. 지구가 돌고 있어도 아무런 문제가 없다는 것을 보여주었습니다. 사실 지구와 함께 자전하고 있으면서도 우리는 그것을 알아차리지 못했습니다. 당신은 또한 아무것도 방해하지 않는 한 지구는 회전 중심을 중심으로 균일한 원 운동을 계속할 것이므로 지구가 계속 돌게 하도록 밀어줄 필요가 없다는 것을 저에게 확신시켜주었습니다. 그러나 이것만으로는 그것이 실제로 돌고 있음을 확인하기에 충분하지 않습니다. 지구가 돌고 있는지 아닌지를 의심의 여지없이 증명하는 한 조각의 증거를 얻을 가능성이 있을까요?"

"지구의 자전 운동과 공전 운동이 더해져 바다의 물을 밀어내는 가속도를 만들어 조석 현상을 일으킨다는 사실로 설명할 수 있다고 생각합니다."

"친애하는 갈릴레오, 이건 믿을 수 없습니다. 당신이 말한 대로

라면 왜 물만 이 가속의 영향을 받고 공기와 지구상의 모든 것은 가속도를 느끼지 않아야 합니까? 우리도 이 가속을 느끼고 우리가 돌고 있다는 것을 알아차려야죠!"

실제로 갈릴레오의 조수 이론은 완전히 잘못된 것으로 판명되었습니다.

갈릴레오는 1632년에 출판한 『프톨레마이오스와 코페르니쿠스의 2개의 주요 세계 체계에 관한 대화』라는 책에서 이러한 생각을 설명했습니다.

이미 제목에서 우리는 한 가지를 알 수 있습니다. 1632년에 세계 체계는 둘이 아니라 셋이었습니다. 갈릴레오는 튀코 브라헤의

체계에는 눈길조차 주지 않았습니다. 그가 '반튀코파'였을까요? 아, 그건 알고 계십시오! 역사에 갈릴레오의 『대화』로 알려진 이 책은 정확히 세 학자 사이의 대화인데, 그중 한 명인 아리스토텔레스 이론의 지지자인 심플리치오는 당신이 방금 물어본 것과 같은 질문을 던지고 다른 두 학자로부터 거의 같은 답변을 받습니다.

관성의 원리

당신이 갈릴레오와 논의한 추론은 관성의 원리로 역사에 기록될 것입니다.

갈릴레오의 가장 중요한 과학적 업적 중 하나인 관성의 원리는 물체가 등속으로 운동하고 있다면 어떤 장애물에 맞닥뜨리거나 속도 변화를 유발하는 힘을 받을 때까지 계속 그렇게 움직인다고 말합니다.

이 생각은 전혀 사소하지 않습니다. 갈릴레오에 따르면 물체의 자연적인 상태는 더 이상 아리스토텔레스가 생각했고 우리가 자연스럽게 여기는 정지 상태가 아닙니다. 일정한 속도로 움직이는 것 또한 자연스러운 상태입니다. '자연적'이라는 의미는 운동을 유지하기 위해 지속적으로 힘을 가할 필요가 없지만, 일단 물체가 움직이기 시작하면 더 이상 힘을 가하지 않아도 항상 같은 속도로 계속 움직인다는 의미입니다. 갈릴레오에게 등속 운동은 일정한 속력의 원 운동입니다. 행성은 반드시 원형 궤도와 일정한 속력을 가져야

하며, 그렇지 않다면 행성의 운동 변화는 어떤 힘, 즉 밀어주는 힘이나 케플러가 말한 것처럼 자기인력 같은 것에 의해 정당화되어야 할 것입니다.

갈릴레오는 자연이 물질에 적용하기에는 너무 인간적인 개념인 끌림이나 공감의 영향을 받을 수 없다고 생각했습니다. 갈릴레오에 따르면 케플러의 법칙조차 유효하지 않았습니다. 갈릴레오의 관성의 원리가 작동하려면 궤도가 원형이고 행성의 속력이 일정해야 하기 때문입니다.

상대성 원리

또 다른 매우 중요한 원리가 『대화』에서 드러납니다. 상대성 원리에 따르면, 만약 당신이 계의 한 부분이라면 당신의 계가 정지 상태인지 아니면 등속으로 운동하고 있는지 확인할 방법이 없습니다.

갈릴레오가 보여주는 예를 들면, 즉 일정한 속도로 움직이는 배 안에 있다면 상대성 원리가 참이라는 것을 깨달을 수 있습니다. 만약 여러분이 밖을 내다보지 않는다면, 자신이 완벽하게 정지해 있다고 생각할 수 있습니다. 갑판 아래에서 일어나는 어떤 일도 당신이 움직이고 있는지 아닌지 말해줄 수 없습니다.

재판과 유죄 판결

이 『대화』는 비록 교황 우르바노 8세에게 헌정되었지만 교회로 부터 매우 좋지 않은 평가를 받았습니다. 코페르니쿠스 이론은 교 회로부터 비난을 받고 있었는데, 이 책은 서로 다른 사상을 가진 학 자들 사이의 토론으로 보였지만 실제로는 코페르니쿠스 체계의 타 당성을 드러내놓고 지지하고 있었기 때문입니다.

갈릴레오는 인류 역사상 가장 유명하 고 논쟁의 여지가 많은 재판을 받았고, 결 국 유죄 판결을 받았으며 목숨을 구하기 위해 자신의 생각을 부정해야 했습니다.

피오렌차의 빈센초 갈릴레이의 아들인 나 갈릴레오는 70세에… 이 단으로 강력하게 의심되는, 태양이 움직이지 않는 우주의 중심이며 지구는 중심이 아니라 움직이고 있다는 믿음을 가진 죄로 심판받았 습니다. 그러므로… 나는 1633년 6월 22일 오늘 진실한 마음과 거 짓 없는 믿음으로 앞서 언급한 오류와 이단을 철회하고, 저주하고, 혐 오합니다….

갈릴레오의 『대화』는 불태워졌고 남은 삶을 연금된 채 보내야 했습니다. 그는 계속해서 많은 연구를 했으며, 1638년에 아마도 과 학적으로 가장 중요한 저서인 『2개의 새로운 과학에 관한 담론과 수학적 증명』을 발표했습니다.

이 저작은 고체의 강도와 포사체의 운동에 관한 그의 연구 결과를 보이려는 의도로 쓰였지만 실제로는 훨씬 더 광범위한 주제를 다루었습니다.

어떻게 낙하할까?

"갈릴레오, 왜 물체는 지구 중심을 향해 떨어지나요?"

"오, 알고 싶군요!"

"그게 당신에게 좋은 대답처럼 들리나요?"

"제가 줄 수 있는 최선입니다. 저는 모르고 알고 싶지도 않습니다."

"정말 알고 싶지 않으세요?"

"왜, 당신 시대에는 그것이 발견되었습니까?"

"물론이죠. 물체는 중력 때문에 떨어집니다."

"중력 때문에, 중력 때문이라. 우

리 시대에도 그렇게 말했습니다! 중력은 '무거움'을 의미합니다. 당신의 말은 '물체가 무거워서 떨어진다'는 뜻인데 제가 보기에 이 말은 전혀 의미가 없는 것 같습니다. 저는 본질을 알고 싶습니다. '어떤 원리 또는 어떤 미덕에 의해 돌은 항상 아래로 움직이는가?'"

"그렇다면요?"

"그러면 물체가 '왜' 떨어지는지가 아니라 '어떻게' 떨어지는지를 연구할 수 있습니다. 어렸을 때 저는 이미 사물의 움직임에 관심을 두기 시작했지만 몇 가지 문제를 해결할 수 없었습니다. 반면 노년기에는 침묵을 강요받았고, 많은 시간을 사용할 수 있었고, 제 예전 연구를 다시 종합해 새롭고 매우 흥미로운 결과에 도달했습니다."

"어떤 운동을 연구하셨나요?"
"일정하게 가속되는 운동입니다."

"무슨 뜻인가요?"
"예를 들자면, 일정하게 속도가 증가하는 것과 같이 속도가 변하는 운동을 말합니다."

"14세기에 머튼 칼리지 학자들이 다루었던 것 같은 운동인가요?"

"네. 하지만 제가 보기에는 그들이 문제에 너무 피상적으로 접근한 것 같습니다. 우선 자유낙하를 하는 물체가 항상 그리고 변함없이 그 속도가 증가한다는 사실을 깨닫는 것은 그리 사소한 일이 아닙니다."

"글쎄요, 처음에는 정지해 있다가 점점 더 빨리 간다…. 제가 보기에는 그렇게 어렵지 않은데요."

"그러나 젊은 시절 저는 초기 '안정화' 기간이 지나면 물체가 어떤 속도에 도달한 다음 끝까지 일정하게 유지될 것으로 생각했었습니다."

"그렇지 않다는 것을 어떻게 알게 되었습니까?"

슬로 모션

"물체는 매우 빠르게 떨어지므로 그 운동을 연구하기 어렵습니다. 그래서 이 운동을 느리게 할 수 있다면 이해하기가 더 쉬울 것으로 생각했습니다. 그래서 좋은 생각이 떠올랐습니다. 경사면에서 공을 굴리기 시작했고 주어진 시간 동안 공이 이동한 거리를 측정했습니다. 경사면에서의 움직임은 자유낙하와 같지만 속도가 느리므로 측정하기는 더 쉽습니다."

"시간은 어떻게 측정했나요?"

"당신이 사용할 수 있는 것과 같은 정확한 시계는 아직 없었지만, 저는 음악을 공부했고 제 마음속으로 시간을 같은 시간 간격으로 나눌 수 있었습니다. 그래서 경사면을 따라 8개의 팽팽한 현을 놓아 공이 지나갈 때 소리가 나도록 했습니다. 그리고 제가 들은 8개의 소리가 정확히 원하는 리듬, 즉 8개 박자가 모두 같아질 때까지 현을 옮겼습니다. 이 시점에서 제가 할 일은 현들 사이의 거리를 측정하는 것이면 족했고, 같은 시간 간격 동안 이동한 거리를 얻게 되었습니다."

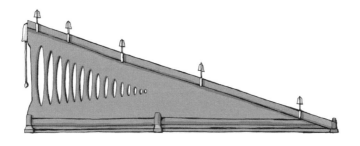

"이 실험은 저도 할 수 있겠네요!"

"물론입니다. 당신에겐 훨씬 더 쉬울 겁니다. 스톱워치(또는 초침이 있는 시계)를 준비하십시오. 경사면 상단에 선을 긋고 거기에서 공을 굴리십시오. 1초가 지날 때 공이 지나는 지점을 표시합니다. 그런 다음 이전의 선에서 다시 시작해 2초 후에 공이 지나는 지점을 표시합니다. 그런 다음 다시 시작해서 3초 후에 공의 위치를 표시합니다…. 이렇게 계속합니다. 결과는 어떻게 될까요?"

"제가 어떻게 알겠어요?"
"첫 번째 간격(출발선에서 첫 번째 표시까지)은 일정한 길이를 가지며, 두 번째 간격(첫 번째 표시에서 두 번째 표시까지)은 첫 번째보다 3배, 세 번째 간격은 5배, 네 번째는 7배 더 깁니다."

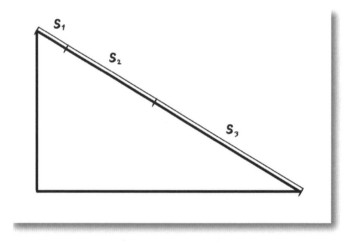

"피타고라스 학파는 홀수가 행운을 가져다준다고 했었죠! 하지만 제 실험에서도 그런 정확한 결과가 나올까요?"
"그건 잊어버리세요. 제 실험에서도 그런 결과가 나오지 않았습니다. 먼저 완벽한 공과 경사면이 있어야 하고 절대적으로 매끄럽고 공기가 없어야 하며, 오차 없이 시간과 거리를 측정할 수 있어야 합니다. 당신이 매우 근사적인 결과에도 만족하신다면 그 실험을

해볼 수 있습니다. 그렇지 않으면 내버려두고 저를 믿으세요. 이동 거리가 증가하는 동안 시간 간격은 동일하므로 각 시간 간격에서 속도도 증가한다는 것을 확신할 수 있습니다."

"자, 이제 어쩌죠?"

"젊었을 때 저는 기하학적으로 증명한 정리, 즉 속도가 일정하게 증가하면 이동한 거리는 이동하는 데 걸린 시간의 제곱에 비례한다는 정리를 검증하기 위해 이 측정을 수행했습니다."

"좀 더 간단하게 설명해주실 수 있을까요?"

"물론이죠. 수학을 사용해 다음과 같이 쓸 수 있습니다."

$$\frac{s_2}{s_1} = \left(\frac{t_2}{t_1}\right)^2$$

"완벽해요. 상황을 복잡하게 만드셨네요."

고양이와 방정식

"그림을 보듯 방정식을 보는 법을 배워야 합니다. 이 고양이가 보이시나요? 제게 묘사해보세요."

"검은색이고, 눈은 크게 뜨고 있고, 털은 곧고, 꼬리는 말려 있습니다…."

"그리고요?"

"그리고 귀가 2개, 다리가 4개, 혀가 튀어나와 있고, 서 있네요…. 더 알고 싶은 게 있나요?"

"그것으로 충분합니다. 그림을 그리지 않고 고양이에 관해 설명하려면 많은 말을 해야 하지만, 그림은 설명에 시간을 낭비하지 않고도 모든 것을 명확하게 보여줍니다. 방정식을 보는 법을 배우면 방정식도 마찬가지입니다. 설명 없이도 모든 것을 이해할 수 있습니다."

"그럼 그걸 보는 법을 가르쳐주세요."

나눗셈, 이 미지의 영역

"제가 쓴 방정식은 두 거리(s_2 및 s_1)의 비율은 각각의 시간을 제곱(t_2^2 및 t_1^2)한 비율과 같다는 것을 말해줍니다. 그동안 비율이 무엇인지 이해해봅시다. s_2를 s_1으로 나눈다는 것은 s_2가 s_1보다 몇 배 더 큰지 계산하는 것을 의미합니다. 아시다시피 나눗셈은 제가 쓴 것처럼 분수로 쓸 수도 있고, 비比라고도 부를 수 있습니다. 모두 같은 것을 말하는 방법입니다."

96

"s_2를 s_1으로 나누는 것이 s_2가 s_1보다 몇 배나 큰지 계산한다는 뜻인지 이해가 안 됩니다."

"사탕 10개와 두 명의 아이가 있습니다. 한 아이는 몇 개의 사탕을 받습니까?"

"쉽죠. 10 ÷ 2 = 5, 한 어린이당 5개의 사탕이죠."

"완벽합니다. 그러면 사탕의 수는 아이들의 수보다 몇 배 더 큽니까? 여기서도 나눗셈을 해야 합니다. 항상 10 ÷ 2(10/2으로 쓸 수도 있다)죠. 사탕의 수는 아이들의 수보다 5배 더 많기 때문에 각 어린이는 5개의 사탕을 받습니다."

"어쩌면 제가 이해하기 시작했을지도."

"좋아요. 그렇다면 s_2/s_1 = 4라고 가정하고, 이제 s_2와 s_1의 비가 정확히 4가 되기 위해 어떤 값을 가져야 하는지 봅시다. 우리는 다음을 선택할 수 있습니다."

$$s_2 = 4; \qquad s_1 = 1; \qquad \frac{s_2}{s_1} = \frac{4}{1} = 4$$

$$s_2 = 8; \qquad s_1 = 2; \qquad \frac{s_2}{s_1} = \frac{8}{2} = 4$$

$$s_2 = 16; \qquad s_1 = 4; \qquad \frac{s_2}{s_1} = \frac{16}{4} = 4$$

"다른 많은 숫자 쌍을 선택할 수 있지만 $s_2 = 4s_1$, 즉 s_2가 s_1보다 4배 큰 경우에만 그 비율은 4와 같습니다."

"저를 이해시키셨습니다. 하지만 $\frac{s_2}{s_1} = 4$라면 $\left(\frac{t_2}{t_1}\right)^2 = 4$가 되어야 하죠. $\frac{s_2}{s_1} = \left(\frac{t_2}{t_1}\right)^2$이니까요."

"물론입니다. 예를 들어 $t_2 = 2$ 및 $t_1 = 1$인 두 숫자를 취한다면"

$$\left(\frac{t_2}{t_1}\right)^2 = \left(\frac{2}{1}\right)^2 = \frac{4}{1} = 4$$

"지금까지는 좋습니다. 그렇지만 이것이 경사면을 따라 같은 시간에 이동한 거리가 홀수 배로 커진다는 사실과 어떻게 연결될 수 있는지 이해할 수 없습니다."

"이제 그림을 보면서 제 추론을 따라오십시오."

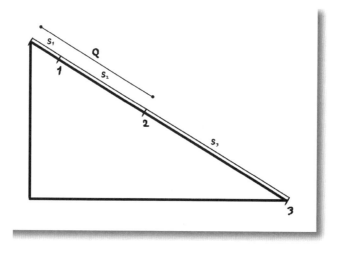

"시간을 초 단위로 세고, 시작하고 1초 후에 공이 거리 s_1을 지나서 지점 1에 도착한다고 가정합시다. 2초 후에는 지점 2에 있게

됩니다. 점 1과 점 2 사이의 거리(s_2)가 s_1보다 3배 더 크다는 것을 알고 있습니다. 따라서 $s_2 = 3s_1$이라고 쓸 수 있습니다. 공이 처음부터 이동한 거리를 a라고 합시다. 그림에서 $a = s_1 + s_2 = s_1 + 3s_1 = 4s_1$임을 쉽게 알 수 있습니다. 공이 s_1을 이동하는 데 얼마나 걸렸습니까? 우리는 알고 있습니다. 1초입니다. 그리고 전체 거리 a를 이동하는 데 얼마나 걸렸습니까? 2초입니다. 지점 1에 도달하는 데 1초가 걸리고 지점 1에서 지점 2까지 또 다른 1초가 걸립니다. 이제 다음을 계산해봅시다."

$$\frac{a}{s_1} = \frac{4s_1}{s_1} = 4$$
$$\left(\frac{t_2}{t_1}\right)^2 = \left(\frac{2}{1}\right)^2 = \frac{4}{1} = 4$$

"여기서 이동한 거리 사이의 비율은 이동하는 데 걸린 시간의 제곱의 비율과 같습니다. 문장으로는 길지만 공식을 읽는 법을 배웠다면 아래 공식을 읽고 무슨 뜻인지 금방 이해할 수 있을 것입니다."

$$\frac{s_2}{s_1} = \left(\frac{t_2}{t_1}\right)^2$$

"이 수학적 법칙은 매우 중요합니다. 일정 시간 동안 공이 이동한 거리를 알고 있다면(예를 들어 공이 이동한 모든 거리와 걸린 모든 시간을 알고 있다면) 이 방정식을 사용해 공이 경사면을 따라 내려가거나 지면을 향해 자유낙하하는 등 공이 움직이는 모든 순간에 어디에 있는지 계산할 수 있기 때문이죠."

"만세!"

최고 속도로

"하지만 아직 끝나지 않았습니다. 시간당 운동 법칙(즉 방금 쓴 방정식)이 유효하다면 이러한 유형의 운동에서 속도는 시간의 증가에 비례해 증가한다는 것도 사실입니다. 이제는 잘 아시니까 공식을 적어드리겠습니다."

$$\frac{v_2}{v_1} = \frac{t_2}{t_1}$$

"이것은 공이 1초 후에 어떤 속도를 가지면 2초 후에는 속도가 2배가 되고 3초 후에는 3배의 속도를 갖게 된다는 뜻인가요?"

"아주 좋습니다. 시간이 2배(1초에서 2초)가 되면 속도도 2배가 되고 시간이 3배(1초에서 3초)가 되면 속도도 3배 빨라집니다."

$$v_2 = \frac{t_2}{t_1} \times v_1$$

$$t_2 = 2 \quad v_2 = \frac{t_2}{t_1} \times v_1 \quad v_2 = \frac{2}{1} \times v_1 = 2v_1$$

$$t_2 = 3 \quad v_2 = \frac{t_2}{t_1} \times v_1 \quad v_2 = \frac{3}{1} \times v_1 = 3v_1$$

"이것 역시 제게 아름다운 법칙으로 보이네요. 그래서 우리는 공의 속도를 알 수 있으니까요. 그런데 앞에 나온 법칙과의 관계를 이해하지 못했습니다."

"저는 이러한 결과에 도달하기까지 여러 가지 이유로 많은 어려움을 겪었습니다. 우선 제 시대에는 교과서에서 볼 수 있는 것과 같은 간단하고 효과적인 속도의 정의가 없었다는 사실이 가장 큰 이유였습니다. 할 수 있는 유일한 방법은 거리와 시간을 서로 비교하는 것뿐이었습니다. 게다가 계속해서 변하는 양을 계산할 수 있는 수학이 아직 없었습니다. 여기서는 모든 것이 변합니다. 시간이 흐르고 속도와 이동 거리는 증가하고 있습니다.

그러나 저는 이 질문에 답하고 싶었습니다. 시간이 변함에 따라 거리와 속도는 어떻게 증가하는가? 글쎄요, 너무 부정확해서 말씀드리고 싶지 않은 증명을 통해 마침내 저는 해냈습니다. 균일하게 가속되는 운동에서 이것들은 사실이라는 것을…"

··· 운동의 법칙

1. 속도는 걸린 시간에 비례해 증가한다.
2. 거리는 걸린 시간의 제곱에 비례해 증가한다.

"제 뒤를 이은 과학자들이 개발할 수학을 사용할 수 있을 때 이 두 법칙 사이의 관계를 더 잘 이해할 수 있을 것입니다. 오래 기다릴 필요 없으니 안심하시고 294페이지 부록을 읽어보세요."

"이 법칙을 아는 것이 매우 중요합니까?"

"예. 지식의 발전과 우리 삶에 필요한 양을 계산할 수 있는 능력은 모두 중요합니다. 예를 들어 중력(무거운 물체)의 운동에 관한 제 법칙과 관성의 원리를 결합하면 제 책에서 볼 수 있듯이 포사체의 궤적을 계산할 수 있습니다."

"갈릴레오, 당신에게 최고의 찬사를 보냅니다."

동전과 손수건

"그러나 이제 저는 중요한 사실을 말씀드리고 싶습니다. 물체의 낙하 속도는 무게에 따라 달라지지 않습니다. 물체의 무게에 상관없이 물체는 항상 같은 속도로 낙하합니다."

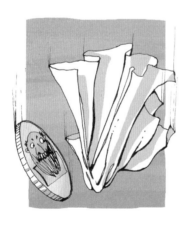

"아뇨, 그렇지 않아요! 피사의 사탑에서 손수건과 동전을 함께 떨어뜨리면 동시에 땅에 떨어지지 않습니다."

"맞아요. 하지만 동전보다 손수건을 더 많이 제동하는 공기를 없애야 한다는 것을 기억하십시오. 피사의 사탑이 진공 상태에 있었다면 손수건과 동전은 동시에 도달했을 것입니다."

"진공을 어디에서 찾을 수 있는지 모르기 때문에 당신이 옳은지 아닌지 알 수 없습니다."

"손수건은 동전보다 무게가 가벼워서 더 느리게 가고 더 늦게 땅에 닿는다는 거죠?"

"그렇다고 말하겠습니다."

"그러면 손수건으로 동전을 싸서 묶은 다음 함께 떨어지게 합니다. 이제 더 무거운 동전은 손수건을 '당기려고' 하고, 더 가벼운 이 동전은 동전의 속도를 늦추려는 경향이 있습니다."

"정확히 말하자면, 손수건과 동전이 함께 가면 손수건만 있는 것보다 조금 더 빨리 갈 것입니다. 왜냐하면 동전은 손수건의 속도를 조금 높여주기 때문입니다. 또 손수건이 동전의 속도를 조금 늦추기 때문에 동전만 있는 것보다는 조금 더 느리게 갈 것입니다."

"맞습니다. 하지만 손수건과 동전을 합한 무게는 손수건과 동전만 있는 것보다 무게가 더 나가지 않나요?"

"물론이죠. 그래서요?"

"그럼 둘을 묶었을 때 무게가 더 나가니까 따로 놓았을 때보다 더 빨리 가야 하지 않을까요?"

"갈릴레오, 왜 항상 스스로에게 너무 많은 질문을 하는 겁니까?"
"이 역설을 해결하는 유일한 방법은 진공 상태에서 모든 물체가 같은 속도로 낙하한다는 사실을 받아들이는 것입니다. 앞서 썼던 공식을 통해서도 이것을 이해할 수 있습니다. 운동 법칙에는 거리, 시간, 속도만 나타날 뿐 물체의 무게는 결코 나타나지 않습니다. 시간이 지날수록 이 사실을 점점 더 확신하게 될 것입니다."

1637년 말에 갈릴레오는 친구에게 이렇게 썼습니다. "나의 놀라운 관찰과 명확한 설명으로, 지난 세기의 현자들이 일반적으로 보았던 것보다 100배, 1,000배 더 확장되었던 그 세계와 그 우주가 이제 나에게는 너무 작아지고 축소되어 나 한 사람이 차지하는 것보다 더 크지 않습니다."
이제 노인이 된 갈릴레오는 시력을 잃어가고 있었고, 1642년 1월 18일 영국의 외딴 마을 울즈소프에서 아이작 뉴턴이 태어난 그해에 거의 완전히 실명한 눈을 영원히 감았습니다.

우주라는 기계

하지만 기저귀를 찬 채 이유식을 먹고 있던 뉴턴의 모습은 잠시 접어두고 몇 년 전인 1610년 젊은 르네 데카르트가 공부하던 프랑스의 라플레슈 대학 성채로 돌아가 봅시다.

1596년 라에에서 태어난 데카르트는 우주가 '기계'이므로 수학을 통해 연구하고 설명할 수 있다고 굳게 믿었습니다.

데카르트는 이 생각을 극단적으로 발전시켰습니다. 사유와 물질을 구분해 사유하는 것res cogitans과 확장된 것res extensa이라고 불렀고, 영혼과 관련된 문제와 신체와 관련된 문제를 분리해 후자는 확장(모양과 크기)과 운동의 개념만으로 설명할 수 있다고 판단했습니다.

데카르트의 우주에서는 진공이 없으므로 한 지점에서의 운동은 우주 전체에 전달되는 운동을 생성합니다. 아침 식사로 나온 우유가 가득 담긴 컵 가운데에서 티스푼을 저으면 티스푼에 직접 닿은 우유뿐만 아니라 모든 우유를 함께 끌어당기는 소용돌이가 만들어지는 것과 같은 원리입니다.

데카르트의 물질은 영혼이 없고 완전히 비활성 상태이므로 그 자체로는 어떤 움직임도 만들 수 없습니다. 관성의 원리가 적용되기 때문에 오직 신만이, 우주가 시작할 때, 변하지 않고 남을 운동을 물체에 부여합니다.

새로운 관성의 원리

그러나 데카르트의 관성의 원리는 갈릴레오의 관성의 원리와
다릅니다.

"보존되는 균일한 운동은 원형이 아니라
직선입니다. 부모님이 아직 레코드플레이어를
가지고 계신다면 사용 허락을 받으
세요. 레코드판 위에 공을 올리고
플레이해보세요. 공이 레코드판 위에
서 계속 잘 구르고 있나요, 아니면 튕겨 나가나요?"

"네, 데카르트, 공은 날아가 버립니다."
"그렇다면 공이 회전판을 떠날 때 어떤 궤적을 따라 움직일까요?"

"그건 알기 어렵습니다."

"그러면 양동이에 약간의 물을
채우고 빠르게 돌려보십시오(어렸을
때 해변에서 얼마나 많이 해봤을지 누가
알겠어요). 물은 쏟아지지 않습니다.
왜일까요?"

"물이 빠져나가려고 하기 때문에 원심력을 느끼지만 양동이 바닥이 물을 내보내지 않기 때문입니다."

"그건 사실이 아닙니다. 물은 '밖으로 나가려고' 하는 게 아니라 그냥 똑바로 가려고 하는데 양동이 바닥이 자연적인 움직임에 반해 계속 돌면서 이를 막고 있는 것입니다."

"물이 '나가려는' 것이 아니라 '똑바로 가려는' 것인지 어떻게 알 수 있습니까?"

"양동이를 비우고 다시 돌린 다음 팔이 정확히 아래로 내려오면 힘을 주지 않고 손을 펴서 놓아보십시오. 양동이가 '밖으로 나가려고' 한다면 큰 힘으로 손 아래 바닥에 떨어질 테지만 직선으로 똑바로 날아갑니다. 그림을 자세히 보면 제가 옳다는 것을 쉽게 알 수 있습니다. 양동이의 운동은 보존되며 장애물(당신의 손)을 떠나면 물체는 균일한 직선 운동으로 계속 움직입니다."

"이게 만약 사실이라면 케플러가 주장한 것처럼 태양이 지구를 끌어당겨 가깝게 유지하는 능력이 없다면, 지구는 태양 주위를 돌지 않고 항상 제 갈 길을 똑바로 가고 있을 것입니다."

"'매력과 공감은 물질의 우주에서는 의미가 없다'고 갈릴레오는 주장했고 저는 그것을 반복합니다. 지구와 다른 행성들이 태양으로부터 멀어지지 않는 이유는 양동이 바닥과 같은 소용돌이가 그들을 가두어 '접선 방향으로 벗어나는' 대신 계속 돌도록 하기 때문입니다."

"당신은 갈릴레오에 대해 많이 공감하고 있습니까?"

착시 현상

"갈릴레오의 연구와 관찰은 우리 모두의 많은 연구에 기초가 되었다고 할 수 있습니다. 예를 들어 갈릴레오는 망원경으로 우리가 어떻게 확대된 사물을 볼 수 있느냐는 좋은 문제를 제기했습니다. 우리는 렌즈가 작동하는 자연의 법칙을 발견하거나, 어떤 무지한 사람이 와서 갈릴레오가 착시 현상의 희생자였다고 말할 수도 있을 것입니다. 광학 현상은 모두 마술처럼 보이기 때문에 주의 깊게 연구해야 하는 대상입니다. 우리가 그것들을 재현하고 그 법칙을 알 수 있다는 것을 보여줄 수 있다면 마술이 존재하지 않으며 모든 것을 설명할 수 있음을 보여줍니다."

"어떤 현상에 대해 생각하고 있습니까?"
"유리잔에 물을 채우고 그 안에 칼을 넣습니다. 이제 칼끝을 조금 올리고 그림과 같이 유리잔을 눈 높이까지 올리면 어떻게 되는지 확인하십시오."

"칼이 두 동강 났어요!"

"그것이 사실이라고 생각합니까, 착시라고 생각합니까?"

"분명히 착시 현상입니다. 칼은 실제로 부러지지 않았습니다."

"음, 우리는 이 현상을 연구하고 설명해야 합니다. 광선이 투명한 물체를 비추면 이 광선의 일부는 반사되고 일부는 굴절됩니다."

"'굴절'이란 무엇을 의미합니까?"

"광선은 여행을 계속하지만 방향이 바뀐다는 뜻입니다. 광선은 항상 직선으로 움직이지만, 투명한 매질을 통과할 때 공기와 (이 경우) 물 사이의 접점에서 '부러지면서' 방향이 약간 바뀝니다. 그림을 보세요. 광선 각도의 변화로 인해 칼이 부러진 것을 볼 수 있습니다. 칼은 실제로 부러지지 않았습니다. 광선이 '부러졌습니다.'"

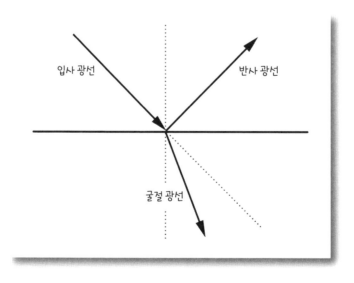

"알겠습니다. 하지만 저는 광선을 보지 않고 전혀 부러지지 않은 칼을 봅니다."

"그런데 칼이 어떻게 보이나요? 무슨 일이 일어날까요? 광선은 칼에서 시작되어 눈에 도달하고, 눈은 광선을 '포착'해 눈앞에 있는 것을 '이해'하는 뇌로 보내는 것입니다. 물을 통해서 칼을 보면 광선의 방향이 바뀌었고 부러졌으므로 부러진 칼을 볼 수 있습니다. 이것은 광선이 공기와 같은 특정 밀도의 매질에서 물이나 유리와 같은 다른 밀도의 매질로 통과할 때만 발생합니다. 광선의 경사각은 서로 다른 두 밀도 사이의 비율에 따라 달라집니다."

"당신이 이것을 발견하셨나요?"

"음, 이 물리 법칙은 스넬의 법칙으로 역사에 남을 것입니다. 빌러브로어트 스넬Willebrord Snell(1580-1626)은 네덜란드 사람으로, 광선이 한 매질에서 밀도가 다른 매질로 통과할 때 광선의 각도를 구하는 관계를 발견했습니다. 그러나 그의 연구가 제 것보다 늦게 발표되었기에 처음에는 제가 이 법칙을 발견한 것으로 알려졌습니다."

무지개의 모든 색

"하지만 광학 분야에서 또 다른 발견을 하셨나요?"

"저는 광학 법칙으로 색의 문제를 설명할 수 있다는 것을 모두에게 보여주었습니다."

"예? 색에 무슨 문제가 있습니까?"

"왜 어떤 것은 빨갛게 보이고 다른 것은 노랗게 보이는지 궁금해 한 적이 없습니까?"

"그거야 제 자전거는 빨간색 페인트로 칠해져 있고, 제 방 벽은 노란색 페인트로 칠해져 있기 때문이죠."

"그럼 누가 페인트에 색을 주나요?"

"예를 들어 고대에는 식물에서 얻은 분말을 사용했습니다…."

"예. 하지만 '왜' 그 꽃은 빨간색일까요? 빨강이란 무엇입니까? 꽃의 성질입니까?"

"물론 그것은 꽃의 성질입니다. 꽃의 종류에 따라 다릅니다. 노란색이나 흰색 꽃도 있고요…."

"어두운 방에서도 꽃이 여전히 붉게 보입니까?"

"아니요. 약간의 빛이 있고 무언가가 보이면 꽃은 매우 어둡고 거의 검은색이 되지만 이것은 단지 빛이 없어서 보기 어렵기 때문입니다."

"아, 그럼 빛이 없으면 색도 없는 건가요? 색은 물체의 속성이 아니라 빛의 속성이 아닐까요? 무지개를 생각해보십시오. 무지개가 줄무늬로 물드는 것은 공기의 성질일까요? 아니면 빛이 습한 공기를 통과하면서 그 멋진 색을 얻게 되는 빛의 성질일까요?"

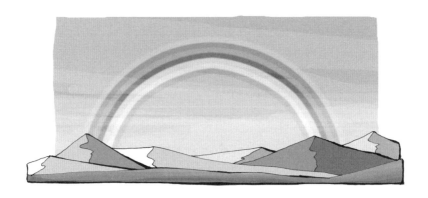

"그런 생각은 해본 적이 없네요⋯."

"그리고 크리스털 프리즘을 가져다 그림에서처럼 빛을 비추면 프리즘 반대편으로 나온 빛이 '부챗살처럼' 펼쳐지면서 무지개의 모든 색을 보여준다는 사실을 알고 계셨나요?"

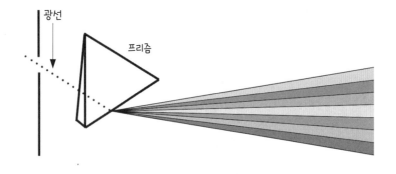

"음, 그것은 마술입니다."

"아니요. 그것은 재현할 수도 있고 설명도 가능합니다. '프리즘은 빛의 작용을 전달하는 미묘한 물질의 회전 속도를 변화시킵니다. 훨씬 더 강하게 회전하는 부분은 빨간색이 되고 조금 더 강하게 회전하는 부분은 노란색이 되는 식으로 다른 모든 색상이 나타납니다.'"

색에 대한 이 설명은 그다지 큰 성공을 거두지 못했지만 광학 법칙을 통해 다양한 색상의 존재에 대한 설명을 최초로 시도한 데카르트의 공로를 인정하지 않을 수 없습니다.

기하학자의 활약

데카르트는 이 밖에 '데카르트 기하학' 또는 '해석 기하학'이라는 이름으로 역사에 남을 새로운 기하학 연구 방법의 토대를 마련했습니다.

이 방법은 수많은 문제를 단순화해 해결하는 데 중요한 역할을 했습니다.

데카르트가 밑그림을 그리고 이후 수년에 걸쳐 개발된 이 아이디어는 기하학적 도형을 대수적 형태로 기술한 다음, 방정식을 풀듯 기하학적 문제를 푸는 것입니다.

"데카르트, 꽤 복잡하게 들리네요…."

"사실은 간단하고 매우 직관적인 방법입니다. 지금 바로 보여드리죠. 2개의 수직선을 그립니다. 수평선을 x라고 하고 수직선을 y라고 부릅니다. 두 직선의 교차점을 원점으로 잡고 그 점에 0을 붙입니다. 이제 직선 위에 1, 2, 3, … 등의 점들을 표시합니다."

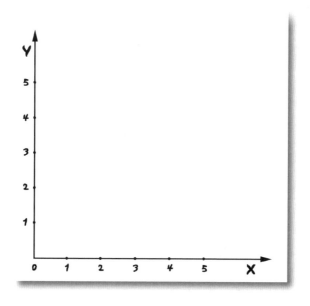

방정식을 봅시다. $y = 2 \times x + 1$

x 값 몇 개를 선택해 거기에 대응하는 y를 계산합니다.

$$x = 0 \qquad y = 2 \times 0 + 1 \qquad y = 0 + 1 \qquad y = 1$$
$$x = 1 \qquad y = 2 \times 1 + 1 \qquad y = 2 + 1 \qquad y = 3$$
$$x = 2 \qquad y = 2 \times 2 + 1 \qquad y = 4 + 1 \qquad y = 5$$

우리는 세 쌍의 숫자를 찾았습니다.

$$x = 0이면 \quad y = 1$$
$$x = 1이면 \quad y = 3$$
$$x = 2이면 \quad y = 5$$

이제 이 숫자 쌍을 그래프에 표시할 수 있습니다.

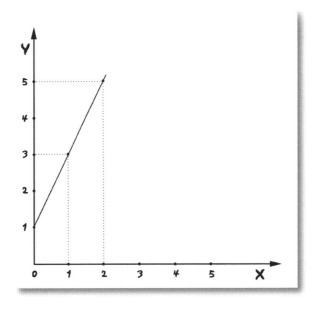

오, 보세요. 이 점들은 모두 일렬로 늘어서 있습니다…. 그것들을 이으면 직선이 됩니다…. 그러므로 앞서의 방정식은 직선을 나타냅니다.

다른 x 값을 가져와 이전처럼 방정식에 대입하고 그에 대응하는 y 값을 찾을 수 있습니다.

$x = 3$이면 $y = 2 \times 3 + 1$, 즉 $y = 7$

$x = 4$이면 $y = 2 \times 4 + 1$, 즉 $y = 9$

$x = 5$이면 $y = 2 \times 5 + 1$, 즉 $y = 11$

다음과 같은 점들을 얻습니다.

$$x = 3 \qquad y = 7$$
$$x = 4 \qquad y = 9$$
$$x = 5 \qquad y = 11$$

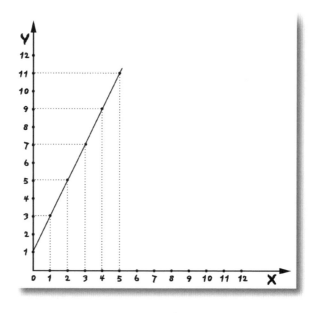

이제 다른 방정식을 시도해봅시다.

$$y = 3 \times x + 1$$

몇 개의 x 값을 선택해 거기에 대응하는 y를 계산합니다.

$$x = 0이면 \quad 3 \times 0 + 1 = y = 1$$

$$x = 1이면 \quad 3 \times 1 + 1 = y = 4$$

$$x = 2이면 \quad 3 \times 2 + 1 = y = 7$$

세 쌍의 숫자를 찾았습니다.

$$x = 0 \quad\quad y = 1$$

$$x = 1 \quad\quad y = 4$$

$$x = 2 \quad\quad y = 7$$

이것들을 이전 그래프에 그리고 점들을 점선으로 이어보겠습니다(먼저 그려진 것과 구분하기 위해).

두 그래프를 비교해봅시다.

1. 둘 다 직선을 나타냅니다.

2. 둘 다 y축의 동일한 지점, 즉 $y = 1$에서 시작합니다.

3. x에 3을 곱한 직선은 x에 2를 곱한 직선보다 기울기가 더 큽니다(더 수직이다).

그러면 어떤 직선도 다음과 같은 방정식으로 쓸 수 있다고 생각할 수 있습니다.

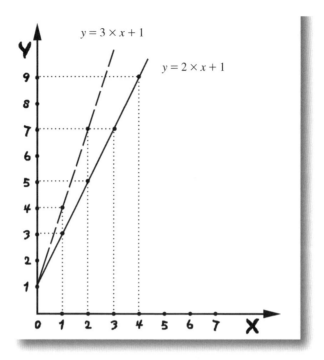

$$y = a \times x + b$$

여기서 a와 b는 방정식마다 달라질 수 있는 숫자입니다. 숫자 a는 선이 기울어져 있는 정도를 알려주고, 숫자 b는 선이 y축과 만나는 지점을 나타냅니다.

"작동할까요?"

"물론이죠! a와 b 자리에 아무 숫자나 넣고 무슨 일이 일어나는지 보십시오. 예를 들어 $a = 1$ 및 $b = 0$을 시도해보십시오. 방정식은 $y = 1 \times x + 0$, 즉 $y = x$가 됩니다."

점들을 계산해보면,

$$x = 1 \qquad y = 1$$
$$x = 2 \qquad y = 2 \text{ 등등} \cdots$$

이것은 x축과 y축이 이루는 각도를 정확히 반으로 가르는 선입니다.

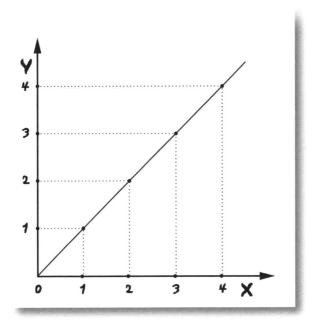

a와 b의 값을 바꾸면 원하는 모든 직선을 찾을 수 있습니다. 276페이지에서 몇 가지 예를 보고 직접 만들어볼 수도 있습니다.

데카르트 방법의 장점은 두 점만 알면 직선의 방정식을 매우 쉽게 계산할 수 있다는 점입니다(두 점이 하나의 선만 통과하기 때문에).

276페이지에서 이에 대해 읽거나 특정 기울기를 가진 직선을 구성하는 등 다른 많은 작업을 할 수 있습니다.

또한 이 방법은 매우 다양한 곡선(원, 포물선, 타원 및 기타 수많은 곡선)에 적용할 수 있으며 각 곡선은 자체 방정식으로 기술됩니다. 어떤 곡선들은 직선보다 더 복잡한 방정식을 가지고 있지만 그 개념은 지금까지 본 것만큼 간단합니다.

데카르트는 1650년에 세상을 떠났고 당시 과학자들이 기계론적 철학이라고 부른 것을 세상에 남겼습니다. 세상은 기계처럼 만들어졌으며, 물질의 형태와 운동으로 어떤 현상이든 설명할 수 있다는 철학입니다.

데카르트 학파는 스승의 사상을 계속 확장해나갔고, 그의 제자 중 한 명인 네덜란드의 크리스티안 하위헌스Christiaan Huygens (1629-1695)는 매우 중요한 결과를 얻었습니다.

파동 위에 파동…

"하위헌스 교수님, 교수님이 빛의 본질에 관한 새로운 이론을 정립하셨다는 게 사실입니까?"

"사실입니다. 광선은 실제로 파동을 전파하는 것입니다. 소리의 경우와 똑같습니다."

"파동이요? 바다에서 치는 파도 같은 건가요?"

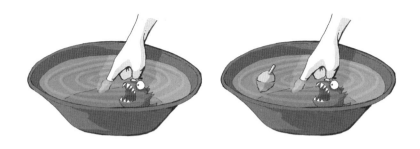

"파동이 무엇인지 이해하려면 물이 가득 찬 대야에 손가락을 넣고 살짝 흔들어보세요. 물결은 중앙, 즉 손가락에서 시작해 물 표면에 형성되고 대야의 가장자리로 전파되어 옆면에 부딪혔다가 다시 돌아옵니다. 이제 대야에 물 위에 뜨는 코르크를 넣으십시오. 파동이 오면 물체가 수직 방향으로 올라가지만 수평 방향으로는 움직이지 않는 것을 볼 수 있습니다. 파동은 손가락에서 대야의 가장자리로 이동해가지만 마주치는 물질을 옮기지는 않습니다. 파동이 지나간 후 코르크는 그 방향으로 파동이 움직였음에도 불구하고 대야의 가장자리 쪽으로 가지 않았습니다."

"그러네요!"
"이것이 바로 음파에서 일어나는 일입니다. 드럼을 치면 그 막이 진동하면서 파동을 만들어 공기 중에 전파되어 귀의 고막에 도달해 진동하게 하고 이 진동이 신경을 통해 뇌에 도달해 소리를 듣게 됩니다. 광파 또한 눈에 도달할 때까지 전파되며, 망막은 이를 뇌로 전송하고 그러면 당신은 '볼' 수 있습니다. 그리고 다른 것과 마찬가지로 광파도 물질을 운반하지 않으며(그렇지 않으면 도중에 마주치는 수많은 먼지가 눈에 들어갈 것이다) 음파보다 매우 **빠르게** 움직입니다."

"빛이 소리보다 빠르게 움직인다는 것을 어떻게 알 수 있죠?"

"아름다운 뇌우를 생각해보십시오. 이따금 번개가 하늘을 밝히고 잠시 후 천둥소리가 들립니다. 번개의 빛은 천둥소리가 우리 귀에 도달하는 것보다 더 빨리 눈에 도달합니다."

"이해했습니다. 광파는 음파보다 빠르게 움직이는군요."

"그러나 파동 운동의 또 다른 중요한 특성이 있습니다. 두 파동이 만나면 진폭이 더해집니다. 이를 간섭이라고 합니다. 그림 A를 보십시오. 파동 1과 파동 2가 만날 때 형성되는 파동(파동 1+2)은 개별 파동 진폭의 2배입니다. 대신 두 파동의 위상이 반대인 경우, 즉 한 파동이 최댓값을 나타내고 다른 파동이 최솟값을 나타내는 경우(그림 B), 두 파동을 더하면 그 진폭은 0이 됩니다."

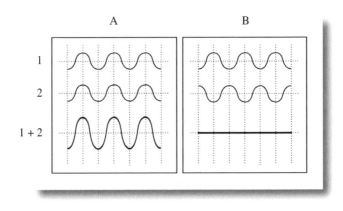

물이 담긴 대야를 다시 가져와서 손가락 2개를 넣으십시오. 2개의 파동을 생성해 파동이 만나는 지점에서 생성되는 간섭 패턴을 관찰하십시오.

유사한 간섭 현상이 실제로 많은 광학 실험에서 발견되었으며 하위헌스에 따르면, 이것은 빛의 파동 특성을 잘 보여주는 증거입니다. 후대의 과학자들이 이 현상을 어떻게 해석할지 지켜볼까요?

사과에서 달까지

앞선 장의 시작 부분에서 우리는 아이작 뉴턴이 이유식을 먹고 있도록 놔두었지만 지금은 그가 다 컸으므로 이제 그가 무엇을 하고 있는지 볼 때입니다. 우리는 그가 1661년에 영국 케임브리지에 있는 트리니티 대학에 입학한 것을 봅니다. 그곳에서 뉴턴은 데카르트의 기하학과 케플러와 갈릴레오의 저서들을 포함해 그가 찾을 수 있는 모든 것을 읽고 있습니다. 1665년 영국을 휩쓴 페스트의 위험을 피해 시골로 피신해야 했던 뉴턴은 2년 동안 공부하고, 사색하고, 글을 쓰고, 추론하고, 상상하고, 탐구하고, 창조했습니다.

페스트의 위험이 지나가자 뉴턴은 모든 원고를 가방에 싸서 케임브리지로 돌아왔습니다. 서재라기보다는 실험실 같은 그의 방에서 그는 가방을 열고 광학 연구에 관한 원고를 꺼내듭니다.

"교수님, 저는 교수님이 광학도 연구하신 줄은 전혀 몰랐습니다."

"데카르트의 색 이론에 확신이 서지 않아서 확인해보고 싶었습니다."

"특히 어떤 점이 이해되지 않았나요?"

"데카르트는 빛은 흰색이지만 광선이 물체에 부딪히거나 프리즘을 통과하면 광선의 가장 바깥쪽에 있는 빛 입자가 회전하기 시작하면서 색이 변한다고 설명합니다. 각 색상은 입자의 다른 회전 속도에 해당합니다. 음, 저는 색이 입자의 속도에 따라 달라지며 일단 회전을 멈추면 다시 흰색이 된다는 것을 믿지 못하겠습니다."

"그렇다면 당신의 생각은 무엇인가요?"

"저는 백색광이 서로 다른 색의 광선으로 구성되어 있으며, 한꺼번에 보면 흰색으로 보이고 나누어 보면 각각 고유한 색상으로 보인다고 생각합니다."

"그걸 증명할 수 있다고 생각하십니까?"

"이 실험을 통해서요. 만약 제가 프리즘에 광선을 통과시키면, 데카르트가 주장한 것처럼 무지개의 모든 색이 보입니다. 여기까지는 새로운 것이 없습니다."

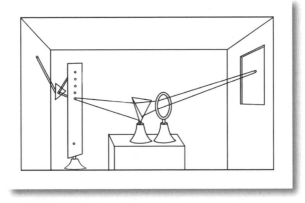

"이제 프리즘 뒤에 광선을 한 지점에 모으는 렌즈를 넣습니다. 이 점이 흰색으로 보인다면 제 생각이 맞는 겁니다. 프리즘은 다른 색상의 광선을 분리하고 그것들을 다시 합치면 흰색으로 나타납니다. 그렇지 않고 만약 그 점이 색상이 있다면, 프리즘은 광선의 일부 입자 속도를 바꾸었음을 의미합니다."

"결과는 어땠나요?"
"물론 저는 흰색 빛의 점을 얻었습니다."

"제게는 별로 설득력이 없습니다만…."
"설득력 있는 실험을 할 수 있습니다. 종이 원반을 7개의 쐐기로 나누고 각 쐐기를 무지개 색상 중 하나로 색칠합니다. 그런 다음 빠르게 돌려보십시오. 어떤 색상이 나타납니까?"

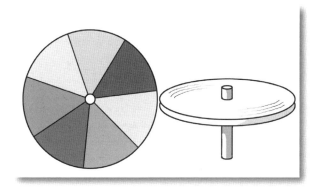

"흰색이네, 멋진데요! 다른 과학자들은 당신의 실험을 어떻게 받아들였습니까?"

"저는 1672년에 실험 결과를 발표했습니다. 그리고 믿기 어렵겠지만 사실 많은 비판을 받았어요. 아마도 생존해 있는 가장 중요한 과학자인 하위헌스는 빛이 파동으로 구성되어 있는지 입자로 구성되어 있는지 먼저 결정해야 한다고 말했습니다. 따라서 그는 제 실험을 전혀 흥미롭게 생각하지 않았습니다."

"그러면 당신은 어떻게 생각하시나요. 빛은 파동으로 이루어져 있을까요, 아니면 입자로 이루어져 있을까요?"

"저는 빛이 입자로 구성되어 있다고 생각하는데 그것은 빛이 직선으로 전파된다는 사실을 정당화하는 가장 간단한 가설입니다. 스크린에서 물체의 그림자는 선명합니다. 빛이 파동으로 구성되

어 있다면 물체에 '부딪히는' 간섭으로 인해 그림자의 가장자리에서 빛의 감쇠 현상이 관찰될 것입니다."

누가 옳았을까요? 빛은 파동으로 구성될까요, 입자로 구성될까요? 아, 이건 알아두십시오! 뉴턴 시대에는 답을 제시하는 것이 불가능했습니다. 심지어 이후에도 이 문제에 대한 해결책을 찾기는 쉽지 않았을 것입니다. 우리가 이 주제에 대해 조금 더 명확한 아이디어를 얻으려면 200년이 조금 넘는 시간과 또 다른 과학 혁명을 기다려야 하니까요.

프린키피아의 원리

1687년 뉴턴은 그의 과학적 걸작인 『자연철학의 수학적 원리 Philosophiae Naturalis Principia Mathematica』를 출간했습니다. 케임브리지 학생들이 비꼬듯 말하는 것처럼 저자조차도 이해할 수 없는 매우 어려운 세 권의 책입니다.

첫 번째 책은 진공 상태에서 물체의 운동을 다루고, 두 번째 책은 공기나 물과 같은 저항성 매질 안에서 물체의 운동을 다루며, 마지막 세 번째 책은 우주 체계를 다루고 있습니다.

이미 첫 페이지에서 우리는 우주를 설명하는 데 물질과 운동만으로는 충분하지 않으며 힘도 추가해야 한다는 것을 알게 되는데 뉴턴은 다음과 같이 정의합니다.

"힘은 물체의 정지 상태 또는 직선의 등속 운동 상태를 변화시키기 위해 물체에 가해지는 작용이다."

첫 번째 책을 조금 더 읽다보면 운동의 세 가지 법칙이 등장합니다.

법칙 1 모든 물체는 아무런 힘이 가해지지 않는 한 정지 상태 또는 등속 직선 운동 상태를 유지한다.

법칙 2 운동의 변화는 가해진 추진력에 비례하며 이 힘이 가해진 직선을 따른다.

법칙 3 작용은 항상 반작용과 크기는 같고 방향은 반대다. 즉 두 물체의 상호작용은 항상 같은 크기이며 반대 방향으로 향한다.

이게 전부입니다.

이 세 문장으로 뉴턴은 수 세기 동안 전 세계 학생들에게 체계를 제공했습니다. 조만간 교수님이 여러분에게 그것들을 배우고 연습 문제를 푸는 데 사용하라고 할 것입니다.

첫 번째 법칙은 관성의 원리를 설

명하며, 뉴턴은 갈릴레오로부터 '복사'했다고 주장합니다. 비록 정확한 정의는 갈릴레오가 아니라 조금 후의 데카르트로부터 나왔지만요.

반면에 두 번째 및 세 번째 법칙은 절대적으로 새로운 것입니다. 비록 언제나 그렇듯이, 이전의 많은 과학자가 달성한 연구와 결과에 대한 뉴턴의 추론과 직관의 결과지만요. 우리는 관성의 원리 덕분에 물체를 미는 힘이 없더라도 물체의 속도가 0보다 클 수 있다는 것을 압니다.

그렇다면 힘을 가하면 물체는 어떻게 될까요? 두 번째 법칙은 이 질문에 대한 답입니다. 물체의 속도가 변합니다.

물론…

어떻게 변할까요? 계속 읽으면 답을 찾을 수 있으며 그것은 하나의 방정식으로 요약할 수 있습니다.

$$F = m \times a$$

이 방정식의 엄청난 중요성을 감안할 때 한 번쯤은 살펴볼 만한 가치가 있을 것입니다.

F는 물체를 미는 힘이고, m은 물체의 질량이며, a는 물체를 미는 힘으로 인한 가속도입니다.

예를 들어보죠. 우리가 자동차의 가속 페달을 2초 동안 세게 밟

130

고 있다고 생각해보겠습니다. 이 2초 동안 우리 차는 초기 속도 10 km/h에서 최종 속도 130 km/h로 갑니다. 그러면 전체 속도 변화를 알 수 있습니다.

$$\Delta v = 130\,\text{km/h} - 10\,\text{km/h} = 120\,\text{km/h}$$

어떤 양(이 경우 속도)의 변화를 정의하기 위해 새로운 기호인 Δ(델타)를 도입했습니다.

$$\Delta v = v_{\text{나중}} - v_{\text{처음}} = 120\,\text{km/h}$$

이 속도의 증가는 2초 동안 발생했습니다. 가속도를 특정 시간 동안 발생하는 속도의 변화로 정의하면 가속도는 다음과 같습니다.

$$\frac{\Delta v}{2\,s} = \frac{120\,\text{km/h}}{2\,s}$$

여기서 s는 초를 나타냅니다.

1시간은 3,600초이므로 다음과 같이 쓸 수 있습니다.

$$\frac{\Delta v}{2\,s} = \frac{120\,\text{km/h}}{2\,s} = \frac{(120\,\text{km/h})/(3{,}600\,s)}{2\,s} = \frac{1}{60}\,\text{km/s}^2$$

이것은 1초마다 우리의 속도가 $\frac{1}{60}$ km/s씩 증가한다는 것을 의미합니다.

계산이 맞는지 봅시다.

속도는 매초 다음과 같이 증가했습니다.

$$\frac{1}{60} \,\text{km/s} = 1\,\text{km/min} = 60\,\text{km/h}$$

맞습니다. 실제로 2초 동안 속도가 120 km/h 증가했습니다. 즉 매초 60 km/h씩 증가한 것입니다. "운동의 변화는 힘이 가해진 선을 따른다"는 운동 제2법칙에 대한 설명은 아직 끝나지 않았습니다. 그리고 이것은 믿기 어렵지 않습니다. 우리가 물체를 앞으로 밀면 물체는 옆으로 가지 않고 앞으로 나아간다는 것은 믿기 어렵지 않습니다.

좋습니다. 하지만 두 방향으로 당기면 어떻게 될까요? 뉴턴은 이렇게 대답합니다. "힘 A와 B에 의해 형성된 평행사변형의 대각선(R)을 따라 움직인다." 그림을 보면 쉽게 이해됩니다.

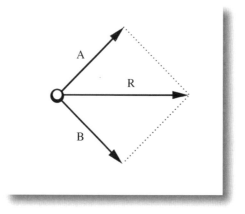

같은 힘으로 왼쪽과 오른쪽으로 동시에 당기면 어떨까요? 그것은 가운데에 가만히 서 있습니다.

뉴턴은 자신의 스승이라고 여겼던 고대 그리스인이 개발한 고

전 기하학만을 사용해 명제들을 거듭하면서 이 모든 것들을 증명했습니다.

우리는 '이 힘은 이만큼의 값을 가지고 있다'라고만 말할 수는 없으며, 힘이 작용하는 방향(어떤 직선을 따르는가)과 어느 쪽(오른쪽인지 왼쪽인지)으로 힘을 가할 것인지도 말해야 한다는 것을 이해하게 되었습니다.

각 직선(방향)은 그림에서 화살표로 표시된 두 방향을 가집니다. 아이가 난간 위를 걷고 있다면 그가 얼마나 멀리 움직일 것인지를 아는 것도 중요하지만 아마도 어느 방향(어떤 직선을 따라)으로, 무엇보다 어느 쪽(만약 아이가 오른쪽으로 가기로 한다면…)으로 가는지를 아는 것이 더 중요할 것입니다.

향하는 쪽

방향

이제 뉴턴의 제3법칙을 살펴보겠습니다. 그것은 '모든 작용에는 반드시 크기가 같고 방향이 반대인 반작용이 있다'로 요약할 수 있습니다.

태양이 지구에 일정한 인력을 가하면 지구도 태양에 똑같은 힘을 가합니다. 태양의 운동은 지구가 가하는 힘의 영향을 거의 받지 않지만, 지구의 운동이 태양의 인력에 의해 결정되는 것은 두 천체의 질량 차이가 엄청나기 때문입니다. 사실 두 물체 사이의 힘이 같고 반대인 경우(뉴턴의 운동 제3법칙), 주어진 가속도(운동의 변화)는 힘을 받는 물체의 질량에 반비례한다(뉴턴의 운동 제2법칙)는 사실을 잊지 마십시오.

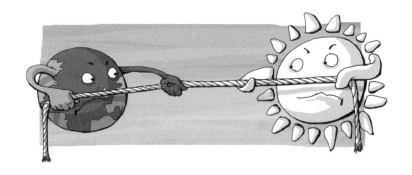

"이것이 지구가 태양 주위를 도는 이유이고 그 반대가 아닌 이유입니까?"

"태양이 지구 주위를 돈다는 것이 사실이 아니듯 지구가 태양 주위를 돈다는 것은 사실이 아닙니다."

"또 다른 우주 체계를 발명했다고 말씀하시는 건 아니죠?"

"저는 아무것도 발명하지 않았습니다. 단지 사물이 실제로 어떻게 작동하는지 발견했을 뿐입니다."

"어떻게 작동하는데요?"

"우리는 물체의 질량을 그것이 만들어지는 물질의 양으로 정의합니다. 음, 지구와 태양은 모두 지구-태양계의 질량 중심을 중심으로 회전합니다. 만약 지금 다른 행성이 존재하지 않는다고 가정한다면 이것은 사실입니다."

"지구-태양계의 질량 중심이란 게 무엇입니까?"

"지구와 태양을 잇는 직선상에 있는 점입니다. 단순히 그 점의 오른쪽에 물질이 있는 만큼 왼쪽에도 물질이 그만큼 있다고 할 수 있습니다. 그림을 보시죠."

"태양의 질량이 지구보다 훨씬 크기 때문에 계의 질량 중심은 태양 표면 안쪽에 있습니다. 태양은 이 점을 중심으로 회전하기 때

문에 매우 작은 회전을 하는 반면, 같은 점을 중심으로 회전하는 지구는 태양 주위를 실제로 회전합니다. 이해되셨습니까?"

"충분히 받아들일 수 있는 설명입니다만, 이걸 어떻게 생각해내신 거죠?"

"간단합니다. 만약 물체들이 질량을 가지고 있기 때문에 서로를 끌어당긴다면, 제 생각에 질량을 가지고 있는 행성들도 태양을 끌어당길 것입니다. 그러나 우주계의 중심, 즉 우주 질량의 중심은 정지해 있고 모든 것이 그것을 중심으로 회전합니다."

"심지어 붙박이별도요?"

"아니요, 붙박이별은 실제로 고정되어 있습니다."

"왜 인력에 영향을 받지 않는 걸까요? 그들은 질량이 없습니까?"

"물론 있습니다. 하지만 그들에게 작용하는 힘은 평형 상태에 있기 때문에 그들에게 작용하는 힘이 없는 것과 같아서 움직일 수 없습니다. 이것이 우리가 절대 공간과 절대 운동을 정의할 수 있는 이유입니다. 사실 상대성 원리에 따르면 우리가 균일한 직선 속도로 움직이는 물체를 보면 실제로 움직이는 것이 물체인지, 아니면 우리가 반대 방향으로 움직이는 것인지 알 수 없습니다. 이것은 붙박이별에 대해서만 말할 수 있습니다. 만약 물체가 붙박이별에 대해 움직이고 있다면 그것은 정말로 움직이는 것입니다."

"붙박이별이 실제로 고정되어 있다는 것은 조금 믿기 어렵지만, 지금은 그냥 넘어가겠습니다. 그렇다면 두 물체가 서로 끌어당기는 힘을 계산하는 정확한 공식이 있습니까?"

"물론입니다. 이 힘은 물체의 질량의 곱에 비례하고 거리의 제곱에 반비례합니다."

$$F = G \times \frac{m_1 \times m_2}{r^2}$$

"만유인력 상수라고 불리는 상수 G는 하나의 숫자로, 정확한 힘의 값을 계산할 때 필요하며 매우 작은 값을 가지고 있습니다. 질량을 킬로그램으로, 거리를 미터로, 힘을 뉴턴 단위로 측정하면(힘의 단위는 내 이름을 따서 명명했다) 다음과 같습니다."

$$G = 6.67 \times 10^{-11} \frac{\text{Nm}^2}{\text{kg}^2} \quad \text{따라서} \quad G = 0.0000000000667 \frac{\text{Nm}^2}{\text{kg}^2}$$

"저는 이것이 힘의 방정식이라면 케플러의 세 가지 법칙이 성립함을 보였습니다. 지구와 태양이 질량의 곱에 비례하고 거리의 제곱에 반비례하는 힘으로 서로 끌어당긴다면 태양보다 가벼운 지구는 태양이 초점 중 하나에 놓인 타원 궤도를 따라 돕니다."

"그리고 이것은 나무에서 땅으로 떨어지는 사과를 끌어당기는 힘에 대한 방정식이기도 합니까?"

"물론이죠!"

"그렇다면 힘은 질량에 따라 달라집니다. 물체가 무거울수록 지구에 더 많이 끌리고 따라서 낙하 속도도 더 빨라질 것입니다."

"저는 낙하 속도가 질량에 따라 달라진다고 말하지 않았습니다. 단지 힘은 질량에 따라 달라진다고만 말했습니다."

"그러나 같은 거죠. 질량은 힘에 비례하고, 힘은 가속도에 비례하며(당신이 쓴 운동의 두 번째 법칙을 상기시켜드리죠), 가속도는 속도 변화에 비례하므로… 갈릴레오에게는 미안하지만 동전은 손수건보다 빨리 떨어집니다."

"당신은 스스로 모순을 범하고 있습니다."

"저는 그렇게 생각하지 않는데요."

"당연히 모순입니다! 오류를 찾을 수 없다면 279페이지를 읽어보세요."

"제 실수는 이번에도 당신은 항상 옳다는 것을 생각하지 않았다

는 거네요. 보세요, 교수님. 정말
여쭤보고 싶은 게 있는데요….”

“얼마든지요.”

“질량은 서로 ‘끌어당기나
요?’”

“질량은 서로 끌어당깁니다.”

“그러나 질량은 무생물 아닌가요?”

“질량은 무생물입니다.”

“무생물이라면 어떻게 서로 끌어당길 수 있을까요?”

“오 알겠습니다! 저는 그것들이 어떻게 서로 끌어당기는지 설명
했습니다. 왜가 아니라.”

원격 상호작용

과학자들이 모두 뉴턴의 만유인력의 법칙에 동의한 것은 아니
었습니다.

가장 중요한 질문은 여전히 열려 있었습니다. 행성이 어떤 식으
로든 접촉하지 않고도 서로 끌어당기는 것이 가능할까요? 자연에
‘원격 상호작용’이 존재할 수 있을까요?

　예를 들어보겠습니다. 수업 과제를 하는 동안 맨 뒷줄에 앉아 있는 당신이 첫 번째 줄에 있는 범생이와 상호작용을 시도한다고 가정해봅시다. 원격 상호작용의 전형적인 예죠.

　그가 뒤돌아보게 하려면 당신은 그의 주의를 끌지 않을 수 없습니다. 즉 어떤 식으로든 그에게 메시지를 전달해야 합니다. 그것이 소리든 메모든 아니면 그의 뒤통수에 종이공을 던지든 말입니다. 요컨대 당신은 그에게 닿아야 합니다. 그와 상호작용하기 위해서는 그와 당신 사이에 존재하는 거리를 지나야 합니다.

　하지만 뉴턴에 따르면 지구와 달은 행성들이 생각하는 뇌를 가지고 있지 않다고 가정할 수 있으므로, 그것들은 서로 쪽지를 주고받거나 휘파람을 불지도 않고 심지어 정신의 신비한 힘도 사용하지 않으면서 상호작용(하나의 운동이 다른 것의 존재에 의존하므로)하고 있습니다.

　그것들은 멀리서 서로를 끌어당깁니다. 그게 다입니다. 뉴턴은 1727년 3월 20일 세상을 떠났고, 이 문제는 전 세계가 풀어야 할 숙제로 남았습니다.

마술에서처럼 행성들을 묶는 매우 가늘고 투명한 실은 포함하지 않는 해답은 마침내 1900년대 전반, 알베르트 아인슈타인이 일반 상대성 이론을 통해 원거리 상호작용 개념을 극복한 후에야 나왔습니다. 더 자세한 내용을 알고 싶다면 안나 파리시Anna Parisi와 라라 알바네제Lara Albanese의 『상황에 따라 다르다! 상대성 이론Dipende! La teoria della relatività』(2017)을 참조하십시오.

보존

물체의 운동에 대한 연구가 진행됨에 따라 과학자들은 운동하는 동안 일부 물리량(속도, 가속도, 위치, 시간 등)은 변하지만 다른 물리량은 변하지 않는 것처럼 보인다는 사실을 깨달았습니다. 예를 들어 물체의 질량은 속도에 따라 변하지 않는 것처럼 보이지만, 어쩌면 계가 변화되는 동안 보존되고 변하지 않는 것은 질량만이 아닐 수도 있습니다. 고대 사상가들은 이미 '생성되는 것도 없고 소멸하는 것도 없다'고 주장했지만, 과연 이것이 사실일까요? 그들 중 한 명과 이야기를 나눠보겠습니다. 1821년 독일 포츠담에서 태어난 헤르만 폰 헬름홀츠Hermann von Helmholtz입니다.

그는 겨우 26세였던 1847년에 물리학의 발전에 근본적인 영향을 끼친 책을 펴냈습니다. 『힘의 보존에 관하여』라는 책에서 그는 이전의 모든 연구를 명료하게 요약하고 에너지 보존의 원리를 명확

하게 진술하는 데 성공했습니다.

"실례합니다, 헬름홀츠 선생. 왜 힘의 보존에 관한 책에서 에너지 보존 원리를 언급하시는 거죠?"

"왜냐하면 저는 당신이 오늘날 '운동 에너지'라고 부르는 것을 '살아 있는 힘vital force'이라고 불렀기 때문입니다."

"저는 '운동 에너지'라는 단어가 무슨 뜻인지도 몰라요."

"아하, 그럼 처음부터 봐야겠군요…."

"저는 준비됐습니다."

"태곳적부터 인간은 바퀴, 쟁기, 지렛대 등 자신의 작업에 도움이 되는 도구를 만들었습니다. 그것들을 사용함으로써 수고가 덜어지는 것은 분명했지만 얼마나 많은 노동이 절약되었을까요? 그리고 그 이유는 무엇일까요? 역학의 결과를 통해 이러한 질문에 답할 수 있을까요? 그리고 무엇보다도 더 힘든 작업을 할 수 있는 기계를 만들 수 있을까요?"

"저는 그렇다고 말하고 싶습니다…."

"물론이죠. 하지만 말 대신 숫자를 사용하려면 '일'이라는 단어가 무엇을 의미하는지 정해야 하고 더 많은 양을 얻기 위해 물리적 현상 중 무엇을 활용해야 하는지 파악해야 합니다. 예를 들어 빨간 차가 파란 차보다 더 잘 작동할까? 무거운 기계가 가벼운 기계보다 나을까? 등등 여러 가지를 생각해볼 수 있습니다."

일과 일이 있다

이제 너무 혼란스럽지 않도록 구불구불한 역사적 경로를 거슬러 올라가지 않고 '현대적' 용어로 일과 에너지의 개념에 관해 이야기해보겠습니다.

간단하지만 매우 필요한 일, 즉 땅에서 무거운 물건을 들어 올리는 것으로 시작해봅시다. 일에 대한 정의를 내리고 그것이 작동하는지 살펴보겠습니다.

$$W = F \times h$$

W는 일, F는 힘(이 경우 중력), h는 우리가 물체를 들어 올리고자 하는 높이입니다.

이 경우 일은 중력의 힘을 '거슬러(즉 무게를 들기 위해)' 행해집니다. 따라서

$$F = m \times g$$

여기서 m은 물체의 질량이고 g는 중력 가속도이므로 일은 다음

과 같이 됩니다.

$$W = m \times g \times h$$

이것은 다음을 의미합니다.

1. 물체의 질량이 클수록 더 많은 일을 해야 한다.
2. 더 높이 올리고 싶을수록 더 많은 일을 해야 한다.
3. 중력 가속도가 클수록 더 많은 일을 해야 한다. 예를 들어 중력 가속도가 지구보다 작은 달에서는 질량 m인 물체를 높이 h로 들어 올리기 위해 더 적게 일을 해도 된다.

이것은 우리가 실제로 들여야 하는 노력의 양과 일치하기 때문에 현재로서는 일에 대한 좋은 정의입니다. 한 가지 주의할 점은 물체를 들어 올리는 데는 일을 하지만 수평으로 끌 때는 일을 하지 않는다는 것입니다.

그것은 즉시 이해되지 않으며 이 시기의 모든 과학자가 정말로 머릿속에서 명확하게 이해한 것은 아닙니다.

평소처럼 마찰이 없다면 물체를 수평으로 끌기 위해 일을 할 필요가 없을 것입니다. 마찰이 없다면 처음 한 번 밀고 나면 계속 밀지 않아도 물체는 항상 그 속도를 유지하며 수평으로 계속 갈 것이기 때문입니다.

반면에 우리가 중력에 대항해 물체를 지면에서 들어 올리고 싶다면 우리는 계속해서 힘을 주어야 하며 그것을 놓을 수 없습니다. 안 그러면 그것은 다시 땅으로 떨어질 것입니다.

관점

우리가 하고 싶지 않은 이러한 노력은 다른 관점에서 보면 매우 편리합니다. 우리가 물체를 어떤 높이로 들어 올리기 위해 일을 해야 한다면 떨어지는 물체는 우리를 위해 같은 양의 일을 해줄 수 있을 것입니다.

더 나은 예도 있습니다. 우리는 그것을 들어 올리는 수고를 하지 않고도 스스로 떨어지는 것을 찾을 수 있습니다. 이 모든 것은 이미 알려져 있고 이미 이용하고 있습니다. 폭포 물은 이미 고대로부터 방앗간 물레를 돌리는 데 사용되었습니다. 그러나 이제 우리는 이 물이 얼마만큼의 일을 하는지 그 양을 계산할 수 있습니다.

$$W = m \times g \times h$$

여기서 m은 물의 질량이고, h는 물이 떨어지는 높이입니다.

폭포 꼭대기에 있는 물은 비록 아직 일하지는 않았더라도 떨어지면서 일을 할 가능성이 있습니다. 폭포 꼭대기의 물에는 어떤 잠

재적인(퍼텐셜) 에너지가 있다고 말하는 것이 편리할 수 있습니다. '에너지'는 일을 할 수 있는 가능성을 말하고, '잠재적'이라고 한 이유는 아직 일을 하지 않았기 때문입니다.

그것은 일을 할 수도 있고 하지 않을 수도 있는 '잠재적' 일입니다. 예를 들어 우리가 댐을 닫아서 물이 떨어지지 않는다면 이 일은 한 것이 아닙니다. 하지만 이 물은 항상 잠재적인 에너지, 즉 일을 할 수 있는 가능성을 가지고 있습니다. 반면에 물이 이미 낙하해 하류에 있으면 이 퍼텐셜 에너지를 잃어버리고 더 이상은 일을 할 수 없게 됩니다.

따라서 물체의 퍼텐셜 에너지를 지면 위 특정 높이에 있는 물체가 할 수 있는 일로 정확히 정의하는 것은 매우 분명합니다.

$$E_p = m \times g \times h$$

이 에너지는 중력 가속도가 g인 곳(지구상의 한 지점)에서 높이 h에 있는 질량 m인 모든 물체가 가지고 있습니다. 실제로 이러한 조건에 있는 모든 물체는 떨어지면서 $W = E_p$의 일을 할 수 있습니다.

또 다른 일

이것이 물레방아의 날을 돌릴
수 있도록 자연이 우리에게 무료로
제공하는 유일한 방법일까요? 아닙
니다. 예를 들어 물이 고여 있지 않
고 일정한 속도 v로 움직이는 평평
한 강물의 흐름을 생각해봅시다.
음, 여기에 물레를 놓으면 물이 지
나가면서 물레를 돌릴 수 있습니다.
물이 고여 있는 호수에서는 이 같은 일이 일어나지 않을 것입니다.

이는 물이 움직이고 있다는 사실만으로도 일을 할 수 있는 능력
이 있다는 것을 의미합니다.

한편 상대방의 발에서 시작된 공이 가속하지 않고 수평으로 속
도를 유지하면서 날아와 당신을 치면 그것은 당신을 아프게 합니
다. 그 공은 특정한 에너지를 가지고 있고 그 공이 당신의 배에 '풀
어놓은' 이 에너지는 기분 좋은 효과를 주지 않는다는 것을 당신의
피부로 경험한 것입니다. 움직이는 물의 에너지는 물레방아의 날에
방출되어 그것을 회전하게 함으로써 일을 수행합니다.

질량 m인 물체가 특정 속도 v를 가진다는 사실에만 의존하는
또 다른 형태의 역학적 에너지가 있습니다. 처음에 살아 있는 힘을
뜻하는 vis viva라고 불렸던 이 에너지는 지금은 운동 에너지kinetic

energy(그리스어 의미는 '운동, 속도로 인한 에너지')라는 이름을 가지게 되었습니다.

$$E_k = \frac{1}{2} \times m \times v^2$$

버려지는 것은 없다

이 시기에 아마도 모든 역학에서 가장 중요한 원리가 발견되고 증명되었습니다. 헤르만 폰 헬름홀츠는 이렇게 말했습니다. "살아 있는 힘vital force과 팽팽한 힘tension force의 합은 항상 일정하다."(헬름홀츠에게 팽팽한 힘이란 오늘날 우리가 위치 에너지라고 부르는 것이었다.)

$$(E_p + E_k)_{처음} = (E_p + E_k)_{나중}$$

오늘날 우리는 물리적 과정에서 역학적 에너지(위치 에너지와 운동 에너지의 합)는 보존된다고 말합니다.

그렇습니다. 역학적 에너지는 보존되지만 위치 에너지는 운동 에너지로 변환될 수 있으며, 그 반대도 가능합니다.

롤러코스터

전체 역학적 에너지가 보존되고 운동 에너지가 위치 에너지로 변환되거나 그 반대로 변환된다는 것이 무엇을 의미하는지 살펴봅시다.

여기 멋진 롤러코스터가
있습니다.

열차는 처음에 모터에 의
해 어떤 높이까지 올라갑니
다. 따라서 이 엔진이 한 일은 열차의 퍼텐셜 에너지로 변환되었고
열차는 이제 엔진 없이도 스스로 하강할 수 있습니다. 평소처럼 우
리는 마찰을 무시하고 열차가 레일에서 완벽하게 미끄러져 내려갈
수 있다고 상상해야 합니다.

좋아요. 처음에 열차는 퍼텐셜 에너지만 가지고 있습니다. 정상
에서 출발 직전에는 정지 상태이므로 속도는 0입니다.

$$(E_p + E_k)_{처음} = m \times g \times h_{처음} + \frac{1}{2} \times m \times v_{처음}^2$$
$$= m \times g \times h_{처음} + \frac{1}{2} \times m \times 0 = m \times g \times h_{처음}$$

첫 번째 하강 후 지면에 도달했을 때의 속도는 얼마일까요?

지상으로 돌아오면 열차는 퍼텐셜 에너지를 모두 '소진'하고 그
것들은 전부 운동 에너지로 변환되었을 것입니다.

$$(E_p + E_k)_{나중} = m \times g \times h_{나중} + \frac{1}{2} \times m \times v_{나중}^2$$
$$= m \times g \times 0 + \frac{1}{2} \times m \times v_{나중}^2 = \frac{1}{2} \times m \times v_{나중}^2$$

열차는 얼마나 빠른 속도로 지면에 도달할까요? 우리는 그것을

계산할 수 있습니다. 실제로 헬름홀츠는 다음과 같이 말합니다.

$$(E_p + E_k)_{\text{나중}} = (E_p + E_k)_{\text{처음}}$$

따라서

$$\frac{1}{2} \times m \times v_{\text{나중}}^2 = m \times g \times h_{\text{처음}} \; (\text{방정식 A})$$

$$v_{\text{나중}}^2 = 2 \times g \times h_{\text{처음}} = 2 \times 10 \times 20 \, \frac{\text{m}^2}{\text{s}^2} = 400 \, \frac{\text{m}^2}{\text{s}^2}$$

$h_{\text{처음}} = 20\,\text{m}$라고 가정하고 계산을 쉽게 하도록 $g = 10\,\text{m/s}^2$(실제로는 $9.8\,\text{m/s}^2$)을 사용하면 다음과 같이 계산할 수 있습니다.

$$v_{\text{나중}} = 20 \, \frac{\text{m}}{\text{s}} = 72 \, \frac{\text{km}}{\text{h}}$$

꽤 빠르죠!

이제 우리는 열차가 가진 운동 에너지를 사용해 다음 언덕을 다시 올라갈 수 있고, 마찰로 인해 손실되는 게 없다면 도달할 수 있는 높이는 정확히 우리가 출발한 높이일 것이며, 우리가 그 자리에 도달할 때의 속도는 0일 것입니다. 열차가 꼭대기에서 멈추지 않기를 원한다면 중력을 극복하는 데 필요한 모든 운동 에너지를 다 소비하지 않고 계속 전진하기 위한 약간의 운동 에너지를 남기기 위해 조금 덜 올라가야 합니다.

주목해주세요

이전 페이지의 방정식 A에서 질량은 방정식의 오른쪽과 왼쪽에 모두 곱해진 것으로 나타납니다. 이것을 약분하면 더 이상 방정식에 나타나지 않으며 계산을 위해 그 값을 알 필요가 없음을 의미합니다.

따라서 어떤 질량의 물체라도 20 m 높이에서 떨어뜨리면 72 km/h의 속도로 지면에 떨어질 것입니다.

위대한 갈릴레오!

갈릴레오는 에너지에 대해 전혀 알지 못했지만, 약 2세기 전에 순전히 추론의 힘만으로 같은 결론에 도달했습니다.

우리는 롤러코스터의 예를 들었지만 에너지 보존의 원리는 모든 현상에 적용되며 물리학의 통합 원리입니다.

그의 논문이 출판된 다음 해에 헬름홀츠는… 생리학 교수가 되었습니다. 그렇습니다. 헬름홀츠는 물리학을 공부하는 동안이 아니라 인간의 호흡이 어떻게 작동하는지 이해하려고 노력하는 과정에서 이러한 아이디어를 떠올렸습니다. 동물 안에서의 다양한 작동에서도 "생성되는 것도 없고 파괴되는 것도 없다"는 것입니다.

뉴턴(과 그의 독일 동료 라이프니츠)은 역학적 계와 그 운동 및 작동을 기술하는 수학 분야로 '해석역학'이라고 불리게 될 것을 위한 수학적 도구(오늘날 '미분적분학'으로 알려졌다)를 제공했습니다.

많은 과학자, 수학자 및 물리학자가 역학을 구축하는 데 참여했습니다. 그들 중 가장 위대한 이들로는 스위스의 레온하르트 오일러Leonhard Euler(1707-1783), 프랑스의 장 르 롱 달랑베르Jean Le Rond d'Alembert(1717-1783), 이탈리아(토리노 출생)의 조제프 루이 라그랑주Joseph Louis Lagrange(1736-1813), 프랑스의 피에르 시몽 라플라스Pierre Simon Laplace(1749-1827) 그리고 아일랜드의 윌리엄 로완 해밀턴William Rowan Hamilton(1805-1865) 등이 있습니다.

이들 가운데 영국인이 한 명도 없다는 사실은 초기에 영국 밖에서 많은 비판을 받았던 뉴턴의 아이디어가 과학계 전반에 걸쳐 받아들여졌다는 것을 보여줍니다. 그러나 해석역학을 발전시키기 위해서는 많은 수학이 필요했고, 영국 밖에서 태어나고 자란 라이프니츠의 접근 방식은 뉴턴이 제안한 것보다 더 단순하고 직관적이었습니다.

라이프니츠와 뉴턴은 평생 격렬하게 다투었지만 라이프니츠의 계산 방법은 뉴턴의 아이디어에 적용되어 다음 세기에는 인간이 어떠한 역학적 계도 연구할 수 있는 능력으로 이어지게 됩니다.

전도선

아마도 전기와 자기를 사용하는 법을 배운 것보다 인류의 삶을 변화시킨 것은 없을 것입니다.

반면에 자연적인 전기 및 자기 현상보다 더 예측할 수 없고 설명할 수 없는 것도 거의 없었습니다. 실마리를 잡기 위해서는 수 세기에 걸친 어려운 연구가 필요했습니다. 오늘날 우리는 전기와 자기 덕분에 집에 조명을 밝히고, 라디오를 듣고, 컴퓨터 작업을 하고, 휴대전화를 이용하고, 소셜 네트워크에서 채팅합니다. 이는 극히 일부 사례에 불과하며, 사실 이 책 전체를 채울 수도 있습니다.

오늘날에도 목걸이와 귀중한 보석에서 아름다운 빛을 반사하는 갈색의 투명한 송진 화석인 호박의 마법적인 속성을 고대 그리스인들은 이미 알고 있었습니다.

그것을 문지르면 호박이 머리카락과 지푸라기를 끌어당긴다는 소문이 있었습니다. 떠도는 소문은 분명 고대 그리스어였고, 그리

 스어로 호박을 일렉트론electron이라고 불렀습니다.

그리스 도시 마그네시아에서 흔히 볼 수 있었던 광물인 자철광(마그네타이트) 역시 신비한 특성을 보여주었습니다. 그것은 작은 금속 물체를 끌어당겼습니다.

우리가 무언가를 이해하기 위해서는 체계적으로 진행해야 합니다. 이러한 현상들을 분류하고 유사점과 차이점을 확인해야 합니다. 서기 100년, 그리스의 플루타르코스는 자철석과 호박 사이에 큰  차이가 있음을 관찰했습니다. 자철석은 철 조각만 끌어당기는 반면, 호박은 지푸라기와 머리카락을 끌어당기지만 무엇보다 먼저 문질러야 했습니다.

예상치 못한 유출

플루타르코스는 다음과 같은 첫 번째 이론을 세웠습니다. "문지른 호박은 자기소磁氣素, effluvium를 유출한다. 눈에 보이지 않는 자기소는 호박 주위의 공기를 움직여 바깥쪽으로 흐트러뜨리고 그 공기가 다시 돌아오면서 지푸라기를 붙잡는 것이다."

중국에서도 자석은 많은 호기심을 불러일으켰습니다. 실에 자석을 매달아 마법처럼 남북 방향을 가리키는 것을 관찰하는 것은 간단한 단계처럼 보일 수 있습니다. 그러나 자석을 사용해 바다에서 방향을 잡는 나침반으로 사용하는 아이디어를 누가 처음 생각해 냈는지는 분명하지 않습니다. 그것은 고전 시기의 고대에는 전혀 알려지지 않은 발명품이었습니다.

광둥의 중국인들은 11세기가 되어서야 자석이 남북의 방향을 정확하게 가리킨다는 사실을 깨달았습니다. 그리고 그것이 망망대해를 항해하는 중국 선원들을 놀라게 하기까지는 여기서 2세기가 더 지나야 했습니다.

자기소는 당시로서는 좋은 설명이거나 적어도 존재하는 유일한 설명이었습니다. 물론 전기체와 자기체 사이를 드나들며 일부 원소(전부는 아니지만)를 붙잡아 호박이나 자철석에 가까이 오도록 만드는 신비한 자기소로 모든 것을 설명할 수 있는지 확인하기 위해서는 몇 가지 테스트를 실행해야 합니다.

자기소의 개념은 적어도 1450년에서 1700년 사이에 과학 혁명이 수 세기 동안 서서히 끓고 있던 모든 냄비를 열어젖힐 때까지는 모든 사람의 마음을 편안하게 해주었습니다.

기공과 회오리

데카르트도 이 문제를 다루었습니다. 1644년 그는 라틴어로 된

방대한 분량의 『철학의 원리Principia Philosophiae』를 발표했습니다.

그의 책 네 번째 장에서 그는 지구 자기와 나침반의 작동에 대한 설명을 시도합니다. 데카르트에 따르면 모든 자석과 지구에는 작은 회오리와 같은 수많은 나선형 소체가 순환하고 있습니다.

지구나 나침반 바늘과 같은 자성체에는 이런 나선이 한쪽에서 다른 쪽으로 완벽하게 통과하도록 해주는 특수한 기공이 있습니다.

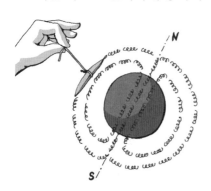

이것이 나침반이 남북 방향을 향하는 이유입니다. 즉 지구 자오선과 나란한 방향으로 향하는 나선의 흐름이 있고 나침반의 바늘은 이것들이 통과하도록 방향을 잡기 때문입니다.

물체에 자성이 없다면요? 간단합니다. 기공이 없어서 나선이 통과할 수 없으므로 방향을 잡을 수 없음을 의미합니다.

156

데카르트와 함께

그러나 뉴턴에게 이 기공은 정말 소화하기 힘든 것이었습니다. 중력같이 멀리 떨어진 곳에서 작용하는 힘이 있다는 설명이 완전히 달라져야 했기 때문입니다. 아마도 전기와 자기는, 뉴턴에 따르면 비록 역학적인 힘은 아니지만 먼 거리에서 작용할 수 있는 것이었습니다.

전기와 자기에 대해 뉴턴은 답을 내놓지 않았지만 이 주제가 자신의 사후에 매우 중요해질 것이라고 확신했습니다.

그리고 그렇게 되었습니다.

런던과 파리에서는 문제의 해결책을 찾기 위해 서로 다른 원칙을 따랐습니다.

보이지 않는 힘

18세기 초 전기과학은 당황스러울 정도로 풀리지 않는 의문과 함께 당시 물리학의 주인공이었습니다. 과학 사상의 역사상 만유인력에 이어 두 번째로 신구 세계의 과학자들은 그 존재가 오감으로 분명히 이해되지 않으면서도 번개, 오로라, 전기 충격같이 놀라운 효과로 나타나는 보이지 않는 힘을 설명해야 하는 상황에 직면했습니다.

이번에는 정말 복잡한 조합이었습니다. 중력처럼 원거리에서 작용하는 힘인 것 같으면서도 한편 중력이 모든 물체에 같은 방식

으로 작용하는 것과는 달리, 물질의 특성(모든 물질이 전기적 또는 자기적 특성을 갖는 것은 아니다)과 관련되어 있었습니다.

이 흥미진진한 이야기는 매우 매력적이며 양털 스웨터, 화창한 날씨, 플라스틱 펜과 함께 시작됩니다.

쉬운 실험

노트 한 장을 잘게 찢은 다음 스웨터에 펜을 문질러보세요(이미 이런 경험을 몇 번 해보았을 것이다). 종잇조각들이 펜을 향해 펄럭이는 것을 볼 수 있을 겁니다. 무엇이 종잇조각을 펄럭이게 했을까요? 만약 당신이 1700년대 초에 태어났다면 유리나 호박(오늘날 플라스틱)과 같은 '전기' 재료가 있다는 설명을 들었을 것입니다.

이러한 재료들은 매우 드문데, 문질렀을 때 방출되는 전기 물질이 들어 있으며 그것이 종잇조각을 끌어당기는 원인이 됩니다.

1729년 영국 물리학자 스티븐 그레이Stephen Gray는 이 전기 유체가 어쩐 일인지… 전염성이 있다는 것을 알았습니다.

금속 파이프와 같은 비非
전기적 물질도 문지른 수지
나 유리 같은 천연 전기 소재
와 접촉할 경우 전기적 특성
을 나타낼 수 있습니다. 문지
른 호박이나 유리처럼 전기

적으로 '긁힌' 물질이거나 전기가 통하는 물질과 접촉해 전기적으
로 '전염된' 물질 등 모든 물질이 전기적일 수 있다는 점을 고려할
때 이전의 구분을 재검토해야 했습니다.

전기를 띠는 것은 더 이상 드문 일이 아니었습니다. 심지어 사람
도 전기가 흐르는 존재가 될 수 있었습니다.

이 사실은 상류 사회의 최고 살롱에서 시연할 만한 가치가 있는
놀라운 사실이었습니다. 파티에 초대되어 갔을 때 모두가 지켜보는
가운데 누군가가 대전된 채로 천장에 매달려 작은 물체들을 기적처
럼 자기 쪽으로 끌어당기는 광경은 드문 일이 아니었습니다.

그러나 모든 파티가 똑같이 성공했던 것은 아닙니다. 예를 들어
사람들을 금속 와이어로 매달거나 공기 중에 습도가 너무 높으면
'전염' 실험은 작동하지 않았습니다.

절연체와 도체

따라서 전기는 더 이상 개별적으로 문질러진 물질의 특성으로

간주되지 않았으며 한 물질에서 다른 물질로 전도될 수 있었습니다. 마치 파이프를 통해 한 장소에서 다른 장소로 이동할 수 있는 물이나 뜨거운 물체에서 차가운 물체로 이동할 수 있는 열처럼 말이죠.

확실히 새로운 구분은 다음과 같았습니다. 금속(따라서 철, 금)과 같은 일부 재료는 전기적 특성을 분산시키거나 전도하는 것처럼 보여 도체라고 불렸고, 반대로 유리나 수지와 같은 다른 재료는 전기적 특성을 유지하는 것처럼 보여서 절연체라고 불렸습니다.

뒤페의 규칙

샤를 뒤페(Charles Dufay 또는 Du Fay)는 프랑스 왕의 정원사였습니다(그가 내무장관과 같은 직책을 맡았다는 의미이며, 루이 15세의 장미를 가지치기한 것은 아니다). 1730년 그는 이 문제를 더 명확하게 파악할 필요가 있다고 생각했습니다.

실험을 통해 제안된 뒤페의 규칙은 다음과 같습니다. "예를 들어 금속 파이프나 당신의 이웃 사람 같은 전도성 물체를 대전시키려면 밧줄이나 나무 의자 같은 절연 물질로 된 지지대에 매달아야 한다."

인력과 척력

전기학의 위대한 학자였던 뒤페는 전기력에는 두 가지 특성이 있다는 것을 보여주었습니다. 그것은 펜에 달라붙는 종잇조각의 경

우처럼 끌어당기는 것일 수도 있고 밀
어내는 것일 수도 있습니다. 사실 뒤페
는 조직적인 유형의 사람이었고 유리관
을 '문지르는 것'과 수지관을 '문지르는
것'의 차이점을 부각했습니다.

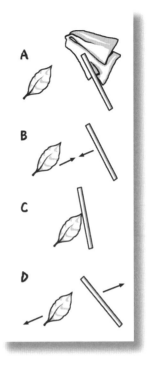

    다음은 뒤페의 실험 결과입니다.

    유리 막대를 문질러서 금박 옆에 놓
습니다.

    그러면 종잇조각이 펜에 끌리는 것
처럼 금박이 막대에 끌린다는 것을 관
찰합니다.

    다음에는 유리 막대를 금박에 접촉
합니다.

    그러면 금박은 접촉을 통해 유리와 같은 전기적 성질을 얻게 되
고 이제는 밀려납니다.

    펜과 종잇조각의 경우와는 다르다는 것을 알아야 합니다. 종잇
조각은 절연 물질이므로 전기가 통하지 않지만, 금은 전도성 금속
이기 때문에 전기가 통할 수 있습니다. 금은 매우 얇은 박막으로 만
들기가 쉬워서 이런 실험에 이상적입니다.

    뒤페는 이 첫 번째 결과에 대해 다음과 같이 설명했습니다. "접
촉에 의해 전기를 띠게 된 물체(금박)는 전기를 띠게 만든 것(문지른
막대)에 의해 반발력을 받는 것이 확실하다."

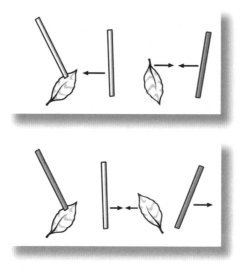

수지 막대로 동일한 실험을 반복할 수 있으며 같은 결과를 얻습니다.

그러나 이제 재미있는 부분이 나옵니다. 접촉에 의해 대전된 물체는 항상 다른 모든 대전된 물체에 의해 반발력을 받을까요? 뒤페는 실험을 통해 '아니다'라는 답을 찾았습니다!

다음과 같은 일이 발생합니다. 문지른 유리와 접촉함으로써 전기를 띠게 된 금박은 문지른 유리에 의해서는 반발력을 받고… 문지른 수지에게는 끌리는 힘을 받습니다.

그런데 만약 수지를 가지고 금박이 전기를 띠게 했다면 어떨까요? 수지에 접촉하고 나면 전기를 띤 금박은 수지 막대로부터는 반발력을 받습니다. 하지만 이제 더 쉽게 알 수 있듯이, 유리 막대에는 끌리는 힘을 받습니다.

다른 전기

유리와 같은 전기 유체를 획득한 두 금박은 서로 밀어냅니다. 둘 다 수지로부터 전기 유체를 얻은 경우에도 마찬가지입니다. 대신

하나는 유리 유체로 전기를 받고 하나는 수지 유체로 전기를 받으면 그 둘은 서로 끌어당깁니다. 그리고 두 종류의 유체가 서로 닿으면 중화됩니다.

게다가 금속이나 젖거나 축축한 물체는 전기 유체의 전도체이지만, 유리나 수지처럼 마찰로 대전되는 물질은 전기 유체를 전혀 전도하지 않습니다.

자동 문지르개

손으로 문지르는 것은 정말 힘든 일이었습니다. 전기 효과를 크게 얻기 위해서는 프레임에 부착된 베어링을 사용해 발 페달이나 크랭크로 유리구를 회전시키는 것이 더 편리하고 빨랐습니다. 훨씬 더 쉽죠? 구체가 획득한 전기는 당시 과학자들이 '전기 기계의 첫 번째 도체'라고 부르는 금속 체인이나 막대에 '수집'되었습니다.

전기 물질이 지면으로 새나가는 것을 방지하기 위해 문지르개는 의자나 절연 발판 위에 서 있어야 한다는 뒤페의 규칙에 모두가 동의했습니다.

병에 담긴 전기

　1745년 네덜란드 라이덴 대학의 물리학 교수인 피터르 판 뮈스헨브루크Pieter van Musschenbroek의 연구실에서 전기학자들은 큰 유리병에 담긴 물이 전기를 띠게 하는 실험을 시도했습니다.

　아이디어는 전기 효능을 '병에 담아' 오랫동안 사용할 수 있게 하자는 것이었습니다.

　그것은 유리구를 잘 문질러서 기계의 첫 번째 도체에 전기를 모은 다음, 대전된 첫 번째 도체에 연결된 금속 팁과 물을 접촉함으로써 물이 대전되게 하는 방식이었습니다. 모두가 계속해서 뒤페의 규칙, 즉 땅과 절연된 채로 서 있어야 한다는 규칙을 따랐습니다.

이러한 작업을 하는 동안 종종 그들은 때때로 차에서 내릴 때 받는 정도의 작은 전기 충격을 받곤 했습니다. 하지만 전기학자들은 이 정도나 그 이상의 충격에는 익숙했습니다.

치명적인 충격

라이덴에서 두 명의 젊은 전기분해학자가 일을 더 빨리하기 위해서 아니면 너무 많은 규칙을 지키는 게 어려워서… 너무 많이 절연하지 않아도 절차를 빠르게 할 수 있는 방법을 찾았습니다.

그들은 전극(금속 막대)을 물에 담그고 전기 기계의 첫 번째 전도체에 연결한 다음 페달을 밟아 전기를 공급했습니다. 조수 중 한 명이 병을 손에 들고 병을 대전시키는 동안 (맨발로 바닥에 서서) 다른 손으로 전기 기계의 첫 번째 도체를 건드렸습니다.

전문 변호사이자 아마추어 전기분해 학자였던 안드레아스 퀴네우스Andreas Cunaeus는 너무도 강한 충격으로 기절했고, 곰 가죽처럼 바닥에 누워 심각한 죽음의 위험에 처했습니다.

사람이 전기 기계로 죽을 위험에 처할 수 있을까요? 마찰시키다가?

그렇지만 얼마나 많은 전

기가 발생해 안드레아스를 통과해 지나갔을까요?

뮈스헨브루크 교수 자신이 다른 사람들에게 경고하기 위해 파리 과학 아카데미에 직접 편지를 쓰기 시작했다면 그것은 농담이 아니었을 것입니다.

"… 갑자기 제 오른손에 마치 벼락이 치는 것처럼 격렬한 충격이 온몸에 가해졌습니다. 꽃병은 비록 유리였지만 깨지지 않았고 손에는 아무것도 없는 것처럼 보였습니다. 그러나 제 팔과 몸은 말할 수 없을 정도로 끔찍한 고통을 겪었습니다. 한마디로 죽는 줄 알았습니다!"

신세계로부터의 충격

뒤페의 규칙은 엄청나게 잘못된 것이었습니다. 병이 지면과의 접촉을 통해 방전되었을 때(예를 들어 손과 발을 통해) 발산되는 충격은 치명적이었습니다. '라이덴병'을 둘러싼 미스터리에 대한 설명은 몇 년 후인 1747년에서 1749년 사이에 신대륙, 그러니까 영국 식민지 아메리카에 있던 박학하고 진정으로 교양 있는 사람이었던 벤저민 프랭클린으로부터 나왔습니다. 성공한 언론인(좋은 아이디어를 내기 위해 꼭 흰 가운을 입은 과학자가 될 필요는 없으니까요)이었던 벤저민 프

166

랭클린은 40세(학교 교과서로 돌아가기에 너무 늦은 때란 없으니까요)에 전기학에 관심을 가지게 됩니다. 이 이야기는 프랭클린이 매우 흥미로운 강연을 듣고 있는 보스턴과 어느 화창한 날 그에게 선물 꾸러미가 도착한 필라델피아 사이에서 진행됩니다.

쪽지에는 "이 새로운 과학에 대한 귀하의 열정에 대해 들었습니다. 여기 전기 장치 키트가 있습니다. 사용 설명서는 하단에 있습니다. 런던의 상인 피터 콜리슨Peter Collison으로부터"라고 적혀 있었습니다.

바로 그가 원했던 선물이었습니다! 전기학에 대한 열정으로 프랭클린은 20년간의 경력을 쌓아 미국 대표이자 탁월한 과학자로서 (연회비를 내지 않아도 되는) 런던 왕립학회 회원이 되었습니다.

"벤저민 선생, 라이덴에서 관찰된 수수께끼 같은 (그리고 위험한) 현상에 대해 잘 알고 계십니까?"

"물론이죠! 그러나 우리의 생각을 명확히 하기 위해 우리는 먼저 이 전기 불꽃의 본질, 즉 그것이 어디에서 발생하고 어떻게 작동하는지를 이해해야 합니다."

"우리는 이제 이것을 알고 있습니다. 그레이와 뒤페가 말한 바에 따르면 전기 불꽃은 예를 들어 유리에서 발생한다고 합니다."

"당신 말씀은 전혀 설득력이 없습니다. 예를 들어 제가 나무 의자에 걸터앉아 절연 상태를 유지한 상태에서 유리관을 문지른 다음 유리관을 제 몸에 접촉하면 감전되지 않습니다. 의자의 존재가 실험 결과를 바꾸는 이유는 무엇일까요? 정말로 유리에 의해 전기 유체가 생성된다면 의자는 아무 관계가 없어야 합니다."

"하지만 정말 감전되지 않는다고 확신하시나요?"

찌릿한 경험

"물론입니다. 저는 검전기로 전기를 측정합니다. 이 도구는 작은 금속 와이어와 2개의 매우 얇은 금속 조각(일반적으로 금)으로 구성됩니다. 대전을 측정하고자 하는 물체(이 경우 내 몸)는 탭에 연결된 와이어에 접촉합니다. 탭이 수직인 채로 있으면 물체는 대전되지 않은 것입니다. 탭이 벌어지면 물체는 대전된 것입니다. 제가 그것을 만져도 아무 일도 일어나지 않습니다."

"당신은 대전되지 않았네요!"

"하지만 그게 다가 아닙니다. 이제 저는 맨발로 땅을 딛고 있는 친구를 제 마법의 지팡이로 건드리고 나서(마법사 멀린이 된 기분입니다⋯) 다시 제 전기를 측정합니다. 자, 보십시오. 탭이 벌어졌습니다. 저는 대전된 것입니다."

"당신 친구는요?"

"아니요. 그는 대전되지 않았습니다. 그러나 친구가 저처럼 절연재로 된 받침대 위에 서 있으면 우린 둘 다 대전되겠죠."

"이제 손으로 서로를 만지면 어떨까요?"

"아이고, 깜짝이야! 사람을 만져서 충격을 받은 적이 몇 번이나 있으신가요? 아마 당신은 의자보다 더 좋은 절연재인 고무바닥 신을 신고 있었을 수도 있습니다. 또한 전기 충격 후에는 친구도 저도 더 이상 대전되어 있지 않습니다. 전기 대기는 사라집니다."

"전기학에 대해 어떤 것을 이해하려면 정말 이 모든 충격을 감수해야 하는 겁니까?"

"꼭 그렇지는 않습니다. 친구를 건드리지 않고 대전된 막대기를 친구 가까이에 가져갈 수 있습니다. 막대기 근처에서, 막대기의 전

기 불꽃이 친구의 것을 밀어 냄에 따라서 제 친구는 대전된 것처럼 보일 것입니다. 따라서 문지르기만 하는 것이 아니라 대전된 막대를 도체에 가까이 대는 것만으로도 '유도'를 통해 전기 불꽃을 옮길 수 있습니다. 그런 다음 막대기를 멀리 치우면 모든 효과가 사라집니다."

"마법사 멀린의 모습으로 변신하면 가장 멋져 보일 거예요! 그러나 이 모든 실험은 무엇을 위한 것입니까?"

"지면과의 접촉의 중요성을 이해하기 위해서예요. 전기를 얻기 위해 땅에 접촉한 친구를 만져야 하는 이유는 무엇일까요? 왜 우리는 때때로 충격을 받는 걸까요? 우리는 여전히 전기적 성질이 유리와 수지에 포함된 속성이라고 확신하고 있습니까, 아니면 땅과 우리 친구들 역시 전기 불꽃을 가지고 있다는 것을 인정해야 할까요?"

"당신은 어떻게 생각하시나요?"

"우리 모두 자연이 우리에게 준 전기 불꽃을 가지고 있습니다. 그것은 우리의 자연적인 전기 불꽃입니다. 지면과 떨어져 유리 막대를 문지르면 제 전기 불꽃 일부가 막대로 옮겨집니다. 이제 막대를 제 몸에 대면 제가 가지고 있던 전기 불꽃을 되찾습니다. 그래서 손에 문지른 막대가 있어도 제 자신은 감전되지 않습니다. 대신 제 전기 불꽃 일부를 얻은 막대로 땅에 발을 딛고 있는 친구를 접촉하면 제 전기 불꽃이 그에게 주어지고 저는 그것을 잃게 됩니다. 그래서 저는 대전되지만 음으로 대전됩니다. 제가 자연적으로 가지고 있던 전기 불꽃 일부를 누군가 가져갔기 때문입니다."

"도둑맞은 이 전기 불꽃은 어디로 가게 되나요?"

"친구의 맨발을 통해 땅으로 흩어집니다."

"친구가 예를 들어 운동화를 신고 있어 땅에서 절연되어 있었다면 어땠을까요?"

"저는 제 불꽃의 일부를 잃었을 것이고 따라서 음으로 대전되었을 것이고, 반면 제 불꽃을 받은 친구는 양으로 대전되었을 것입니다. 사실 절연재가 발밑에 있으면 불꽃이 흩어질 수 없으며 제 친구는 원래 타고난 것보다 더 많은 불꽃을 선물로 받게 될 것입니다."

"지금 손가락으로 서로를 만지면 어떻게 될까요?"

"친구의 잉여 불꽃이 제게 돌아옵니다. 그는 너무 많이 가졌고 저는 너무 적게 가졌습니다. 유리 막대(절연체) 대신 손가락(도체)만 사용하면 전기 불꽃이 순식간에 움직입니다. 그래서 충격을 느끼는 겁니다. 다 이해되셨나요?"

"음, 예, 그러니까… 됐습니다. 아마 설명을 다시 읽어보면 되겠죠…. 하지만 이 모든 것이 라이덴병과 무슨 관련이 있습니까?"

라이덴병, 수수께끼가 밝혀지다

"과학자들이 받는 격렬한 충격은 한쪽은 전기 불꽃의 강한 공백 상태이고 다른 쪽은 전기 불꽃으로 가득 찬 상태 사이에서 순식간에 발생하는 상쇄 현상에서 비롯됩니다. 충격이 끝나면 전기 기계의 첫 번째 전도체에 매달린 잘 구워진 과학자… 빼고는 모든 것이 이전과 같이 평형 상태로 돌아갑니다. 요컨대 이 전기 유체는 생성되는 것이 아니라 단순히 다양한 범위로 이동해 재분배됩니다."

"이것은 이해가 되지만 물이 채워진 병을 충전하는 동안 전도성 몸체(과학자의 몸)를 통해 지면에 연결되고 절연되지 않은 경우 왜

172

더 많은 전기 불꽃이 발생합니까? 그리고 다시, 과학자가 다른 손으로 전기 기계를 만질 때 이렇게 강한 충격을 받는 이유는 무엇입니까? 과학자와 기계가 서로 반대되는 두 가지 전기를 가진 것 같은데 제게는 명확하지 않습니다."

"그럼 더 잘 이해하도록 노력해봅시다. 전기 기계의 유리구는 피부에 문질러지며 전기 불꽃을 얻습니다. 그래서 그것은 양으로 대전됩니다. 공이 전도체를 통해 병 안의 물(물도 전도체죠)에 연결되어 있기 때문에 전기 불꽃은 물속에서 끝납니다. 그런데 물은 절연 유리병에 담겨 있어 여분의 전기 불꽃은 빠져나갈 수 없습니다. 그러나 유리병 밖에는 전기가 흐를 수 있는 과학자의 손이 있고 그것은 그의 발을 통해 지면과 연결되어 있습니다. 그 손은 병 안에 있는 많은 양의 전기 불꽃을 '느낍니다'(비록 단열 유리가 전기 불꽃을 통과시키지 않기 때문에 '접촉'할 수는 없지만요). 따라서 과학자는 물의 양전하를 '상쇄'하기 위해 지면을 통해 같은 양의 전기 불꽃을 잃습니다. 기억하십니까? 이것은 앞서 설명했던 유도 현상과 동일한 현상입니다. 만약 과학자가 지면과 격리되어 있다면 전기 불꽃은 그의 발끝까지만 갈 것입니다. 그러나 지면에 닿아 있으면 땅속으로 흩어집니다. 과학자의 손에서 더 많은 전기 불꽃을 옮겨 놓을수록 더 많은 전기 불꽃이 병 안에 들어갈 수 있습니다. 따라서 병 안에는 전기 불꽃이 가득 차 있고 과학자의 손에는 전기 불꽃이 크게 비어 있다고 말할 수 있습니다. 큰 차 있음과 큰 비어 있음 사이에 유리가 존재해 그것들을 분리하고 있어서 충격을 받지 않고 가까이 있

을 수 있습니다. 그러나 과학자가 다른 손으로 물에 연결된 기계의 전도성 부분을 만지면⋯ 아이코! 번쩍! 불꽃은 서로를 상쇄하고, 충격 후에는 모든 것이 다시 비워지게 됩니다. 비록 구워지기는 하겠지만요."

천둥과 번개

교과서에서 벤저민 프랭클린은 무엇보다 피뢰침의 발명으로 역사에 기록되어 있습니다.

프랭클린은 폭풍우 구름이 전기 불꽃으로 가득 차 있다고 생각했고 날카로운 금속 막대로 잡을 수 있기를 원했습니다(날카로운 도체는 전기 불꽃을 잘 잡는다). 구름을 '만지'거나 적어도 가장 가까이

다가가기에 이상적인 장소는 높은 곳이었을 것입니다. 프랭클린은 거대한 첨탑으로 건설 중인 필라델피아 교회를 눈여겨보았습니다. 그러나 첨탑 대신 프랑스에서 연을 사용해 실험을 수행했습니다.

짠! 피뢰침이 탄생했습니다. 그리고 마침내 번개의 신비한 성질이 밝혀졌습니다. 그것은 구름과 땅 사이에서 양쪽의 전기 불꽃의 균형을 맞추기 위해 일어나는 거대한 스파크였습니다.

누구나 피뢰침을 사용해 번개가 집 안으로 날아들어 와 집이 가루가 되는 것을 방지할 수 있었습니다. 하지만 절대 번개를 가지고 장난치지 마십시오. 스웨덴 과학자 게오르그 리치먼Georg Richmann은 러시아 상트페테르부르크에서 프랭클린의 실험을 재현하려고 시도하다가 감전되어 그 자리에서 사망했습니다.

쿨롱의 비범한 재능

하지만 계속해봅시다. 우리는 1785년에 있고 파리에서 그 시대의 인물인 쿨롱 씨를 만납니다. 그의 아버지 앙리는 직장 때문에 프랑스 수도로 이사했고 그 때문에 샤를 오귀스탱Charles Augustin은 마자랭 추기경이 설립한 매우 권위 있는 콜레주 데 콰트르 나숑Collège des Quatre Nations(4 왕국 대학)에 다녔습니다. 샤를은 수학을 다루는 방법을 제대로 알고 있었고, 모든 사람이 그가 얼마나 놀라운 재능을 지녔는지 감탄했습니다. 그러나 연구를 계속하며 살기 위해서는 칭찬만으로는 불가능했습니다. 먹을 것도 필요했죠. 샤를 앞에는 두 가지 멋진 제안이 있었습니다. 사제가 되어 교회의 지원을 받거나 군대에 입대하는 것이었습니다. 쿨롱은 촛불이 아닌 공병대를 선택했고 군대 기술자가 되어 특수 교량과 도로 건설의 전문가가 되었습니다. 그러나 샤를 쿨롱의 이름은 정전기에 관한 그의 연구와 2개의 대전된 물체가 서로 끌어당기거나 밀어내는 힘을 측정하는 데 유용한 발명인 비틀림 저울과 관련이 있습니다.

"쿨롱 기사 양반, 당신의 저울은 어떻게 작동하나요?"

"그러니까… 12인치 유리 원통을 가지고… 그림을 보면 더 나은데요. 전기 기계로 구 A를 대전시키고, 이것을 B에 접촉하면 둘은 같은 부호로 대전됩니다. 두 구는 서로 밀어내고 B가 돌아가면서 와이어가 비틀리게 됩니다. 모든 것이 멈춘다는 것은 대전된 구들이 서로 미는 힘이 와이어의 비틀림 힘과 정확히 균형을 이룬다는 것을 의미합니다. 이것을 알고 전하 사이의 힘을 측정했습니다."

"어떤 결과를 얻었습니까?"

1. 전기력은 A와 B를 연결하는 직선을 따라 작용한다.

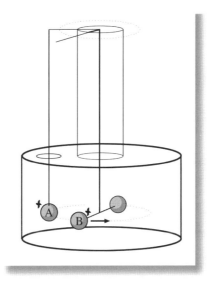

2. 작용하는 힘은 인력과 척력의 두 가지 유형이 될 수 있다.

3. 힘은 A와 B 사이의 거리 r에 따라 달라진다. 전하가 멀리 떨어져 있을수록 힘의 '세기'는 약해진다. 정확하게는, 거리를 2배로 하면 힘은 $\frac{1}{4}$이 되고, 3배로 하면 $\frac{1}{9}$이 된다. 힘은 $\frac{1}{r^2}$ 규칙을 따른다.

4. B의 전기 불꽃을 그대로 두고 A의 전기 불꽃을 2배로 하면 힘도 2배가 된다. A를 그대로 두고 B를 2배로 해도 같은 일이 발생한다. 따라서 힘은 A와 B 모두의 전기 불꽃 양에 비례한다.

"저는 당신네 과학자들이 말보다는 방정식을 선호한다고 생각했는데요…."

방정식이 필요하다

"여기 있습니다. 전하 Q_A와 거리 r만큼 떨어져 있는 전하 Q_B 사이에서 발생하는 전기력 F는 다음과 같습니다."

$$F = k \times \frac{Q_A \times Q_B}{r^2}$$

요컨대 전하는 뉴턴의 만유인력 법칙과 유사한(매우 유사한) 법칙을 따릅니다. 분명히 중력 질량 대신 '전기 질량', 즉 전하가 존재합니다. 숫자 k는 거리, 전하 그리고 힘을 측정하기 위해 선택한 단위에 따라 달라지는 상수입니다. 뉴턴의 법칙에도 같은 역할을 하는 상수(G)가 있었습니다.

거리를 미터(m), 힘을 뉴턴(N), 질량을 킬로그램(kg), 전하를 쿨롱(C) 단위로 측정하면 다음과 같습니다.

$$k = 8.98 \times 10^9 \, \text{Nm}^2/\text{C}^2$$

(8,980,000,000뉴턴 곱하기 제곱미터 나누기 쿨롱의 제곱)

$$G = 6.67 \times 10^{-11} \, \text{Nm}^2/\text{kg}^2$$

(0.0000000000667뉴턴 곱하기 제곱미터 나누기 킬로그램의 제곱)

이것은 무게 1 kg인 두 물체가 1쿨롱의 전하로 충전되어 있고

1 m 거리에 놓여 있으면 8,980,000,000 N의 정전기력으로 서로 밀어내고(전하가 같은 부호인 경우), 0.0000000000667 N의 중력으로 서로 끌어당긴다는 것을 의미합니다.

정전기력은 그렇게 작지 않은 것 같군요.

그의 실험의 정확성과 그가 달성한 뛰어난 결과로 나폴레옹이 직접 쿨롱을 공교육 감찰관Inspecteur Général de l'Instruction Publique으로 임명했습니다.

보다시피 전하의 단위는 오늘날에도 여전히 그의 이름을 따서 사용되고 있습니다.

볼타 전지

1801년 11월, 파리의 어느 비 오는 날이었습니다. 알레산드로 볼타Alessandro Volta 백작은 프랑스 공화국의 제1통령 나폴레옹 보나파르트Napoléon Bonaparte가 참석한 자리에서 금속판을 기둥처럼 쌓아올린 자신의 장치를 선보였습니다.

권위 있는 파리 국립과학예술원Institut National des Sciences et

Arts은 알레산드로 볼타에게 금메달을 수여했습니다.

프랑스인들은 그 이상한 물체를 더미pile라고 불렀고, 1800년 이래 계속 그렇게 부르고 있습니다.

시계, 휴대전화, 손전등, TV 리모컨 등 오늘날 주변에 얼마나 많은 배터리가 있는지 생각해보십시오.

볼타와 갈바니

배터리에 대한 이야기는 두 위대한 이탈리아 과학자 알레산드로 볼타 백작(1745년 2월 18일 코모 지방의 캄나고 출생)과 해부학자 루이지 갈바니Luigi Galvani(1737년 9월 9일 볼로냐 출생) 사이의 매우 길고 열띤 토론으로부터 비롯된 것이기 때문에 매우 교훈적입니다.

그것은 많은 사람이 주장하는 것처럼 다툼이 아니었습니다. 그보다는 서로의 견해를 존중하는 매우 활발하고 고상한 토론이었습니다.

갈바니 박사가 수술대에서 개구리를 해부하던 중 의문의 사건이 일어났습니다.

개구리가 살해당했고 사건은 단순했습니다. 과학적 동기에 의한 살해였죠. 동기 또한 분명했습니다. 갈바니 시대에는 생물의 작동 원리가 잘 알려지지 않았습니다. 따라서 X-레이,

180

혈액 검사, MRI가 없던 당시에는 인간에게 기술을 시도하기 전에 개구리를 해부하는 방법을 배우는 것이 더 낫다고 생각했습니다.

그러나 상황은 명확하지 않았습니다. 갈바니 박사는 개구리의 다리 근육을 척수의 신경과 연결하면 강한 경련이 일어난다는 사실을 알아냈습니다.

조금 섬뜩한 결과는 죽은 개구리 다리가 갑작스러운 움직임을 보였다는 것입니다. 개구리의 나머지 부분은 이미 쓰레기통에 버려졌음에도 말입니다.

동물전기…?

갈바니는 동물전기라는 새로운 아이디어를 옹호했습니다. 즉 동물의 뇌가 전기를 생성할 수 있다고 믿었습니다.

'명백한' 예는 만지기만 해도 전기 충격을 받는 전기 물고기인 전기메기였습니다. 그것들은 세니갈리아와 리미니 사이의 아드리아해에 많이 있었습니다. 그러나 알레산드로 볼타는 동물전기 개념에 반대했습니다.

적어도 한 가지 질문에 대한 답이 없었습니다. 왜 2개의 서로 다른 금속으로 만들어진 핀셋으로 개구리를 만졌을 때 전기가 더 뚜렷하게 나타나는 걸까요? 그것이 구리로 만들어졌든 주석으로 만들어졌든 도체는 도체이고 영향을 미치지 않아야 합니다. 하지만….

알레산드로 볼타에 따르면 동물은 그것과 아무 관련이 없으며 2개의 금속으로 만들어진 메스가 경련의 원인이었습니다. 서로 다른 두 금속을 접촉하면 전기 불꽃을 움직일 수 있습니다.

… 아뇨, 됐어요!

알레산드로는 그렇게 믿었고 이것을 증명해야 했습니다. 서로 다른 금속을 결합해 전기 유체를 움직일 수 있는 엔진을 만들고 싶었습니다.

볼타는 그림처럼 구리와 아연 디스크를 접촉시키고 이 접촉이 전기 유체의 이동을 유발하는지 확인하고자 했습니다.

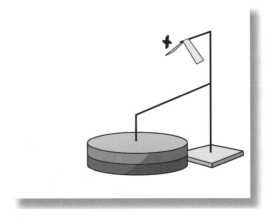

불행하게도 이것은 매우 미세한 현상이며 처음에는 검전기를

사용해도 아무런 효과가 나타나지 않았습니다. 그러나 마침내 런던의 화학자이자 물리학자인 윌리엄 니컬슨William Nicholson이 얼마 전에 만든 전하 증폭기를 사용해 검전기 금박이 벌어지는 것을 확인했습니다. 2개의 서로 다른 금속을 접촉시켜 전기 불꽃을 옮긴 것입니다. 불꽃 일부는 구리에서 아연으로 전달되었고 2개의 디스크 모두 대전되어 아연은 양전하를, 구리는 음전하를 띠는 것으로 나타났습니다.

볼타는 상대를 놀라게 하기로 했습니다. 그는 은, 아연, 전기가 잘 통하는 소금물에 적신 판지나 나무로 된 원반들을 쌓아올렸습니다.

층층이 쌓인 디스크의 이 '널받침
棺臺'은 기전력 특성을 나타냈습니다.

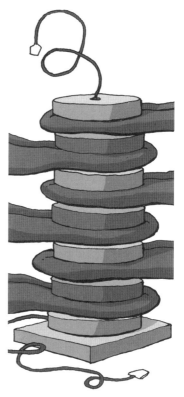

즉 더미는 '제어에 따라' 전기 유체를 움직일 수 있었습니다.

더미에 혀를 대면 전기 충격을 받을 것입니다.

하지만 라이덴병처럼 방전되지 않았고, 1초 후에 다시 혀를 대면 또다시 충격을 받게 됩니다. 그리고 다시 혀를 대면 여전히 충격을 받습니다. 그리고 만약 당신이 혀를 대는 것을 멈추지 않는다면 당신은 정신이 나갔다는 것을 의미합니다.

볼타는 동물을 사용하지 않고 동물전기와 동일한 특성을 가진 전기 발생 장치를 만들었습니다. 수년 후에 다른 금속과 습지 사이의 접촉에 의해 전기가 결정된다는 것이 밝혀졌지만 갈바니가 생각했던 것 같은 동물전기는 존재하지 않았습니다. 그렇다면 전기메기는 어떻게 충격을 줄까요? 전기메기에는 볼타의 배터리와 유사한 천연적인 전기기관이 있습니다.

실험물리학 교수(볼타)와 해부학자(갈바니) 사이의 토론은 놀라운 결과로 이어졌고, 오늘날에도 서로 다른 분야의 과학자들이 아이디어와 경험을 비교하면서 협력할 때 이런 일이 자주 발생합니다.

볼타는 1차전에서 승리했을 뿐이었습니다. 사실 갈바니의 발자취를 따라 의학과 관련된 전기적 현상을 연구한다는 아이디어는 전기생리학과 심전도학의 탄생으로 이어졌습니다. 실제로 우리 몸 안에는 전기 현상이 있으며, 우리는 전기 자극으로 박동을 조절하는 심박 박동기를 통해 병든 심장을 보조하는 방법을 배웠습니다.

자기

우리는 그리스어로 일렉트론이라고 불렸던 호박에 대해 무언가를 배웠습니다. 그런데 자철석은 어떻게 되었을까요?

자기 실험은 전기 실험보다 덜 볼만했지만 이 주제를 연구하는 이유는 분명했습니다. 자기의 특성을 안다는 것은 나침반 사용의 장단점을 알고, 따라서 바다를 지배한다는 것을 의미했습니다.

전기와 마찬가지로 자기도 처음에는 일부 특수한 물질, 정확히는 자석만의 속성인 것처럼 보였습니다. 그리고 관찰할 수 있는 물리적 현상도 어떤 면에서는 전기의 경우와 비슷했습니다.

무형의 힘으로, 멀리 떨어져서 작용하고 다양한 물체를 움직여 그 존재를 드러내는 것이었습니다.

양(+)이거나 음(−)이 될 수 있는 전하와 달리 자석은 항상 N극과 S극을 모두 가지고 있었습니다. N극과 S극은 서로 끌어당기고, N극-N극과 S극-S극은 서로 밀어냅니다(그림 A).

따라서 2개의 막대자석은 어떤 면이 마주 보는가에 따라 서로 끌어당기거나 밀어낼 수 있습니다. 더욱이 자석 막대를 반으로 나누어도 N극과 S극을 분리할 수 없었는데, 두 조각은 여전히 각각 N극과 S극을 가진 자석이었기 때문입니다(그림 B).

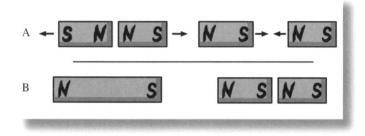

1700년대 후반과 1800년대 초반의 과학자들은 뉴턴의 아이디어를 따라 자기를 연구했습니다.

중력과 전하에 있어서 성공적이었다면 자기에도 통하지 않을까요?

닫힌 회로

1800년대 초에는 아직 아무도, 심지어 대학교수들조차 전기가 없었습니다.

배터리가 있었던 것은 사실이지
만 회로를 닫는다는 것은 아직 누구
도 생각하지 못했습니다. (마치 스위치
를 켜지 않고 전구를 통해 전류가 통과할
때의 효과를 이해하려는 것과 비슷하다.)

그림을 보세요. 전지 양 끝에서 세기는 같지만 부호가 반대인 두
전하가 관찰되었습니다(전위계로 측정 가능하다). 이 전하들은 이전의
마찰 대신 물체에 전기를 공급하는 데 사용되었지만 그 이상은 아
닙니다.

그러나 누군가 전지의 양 끝을 도선으로 연결해 최초의 전기
회로를 만들 생각을 하게 되기까지는 오랜 시간이 걸리지 않았습
니다.

상황이 상당히 복잡해졌으니 파리로 가서 그 유명한 에콜 폴리
테크니크의 수학 및 해석역학 교
수인 앙드레 마리 앙페르André
Marie Ampère(1775-1836) 교수에게
몇 가지 설명을 듣는 편이 더 낫
겠습니다. 앙페르 교수는 친절하
고 실력이 있었기 때문에 학생들
로부터 많은 사랑을 받았습니다.

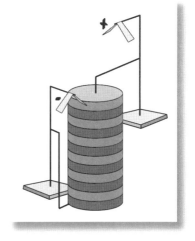

전선을 잊지 마세요…

"교수님, 회로를 닫으면 왜 상황이 더 복잡해지나요?"

"문제는 볼타 전지의 기전력이 전압과 전류라는 두 가지 구별되는 효과로 나타난다는 것입니다."

"먼저 기전력이 무엇인지 설명해주세요."

"배터리는 내부에 있는 전기 유체에 작용해 유체를 두 끝 중 하나로 이동시킵니다. 사실 '전기electricity를 움직이는move' 이 '기전력electro-motive force' 작용의 결과로 한쪽 극에는 양전하(전기 유체가 너무 많다)가, 다른 쪽 극에는 그에 상응하는 음전하(전기 유체가 너무 적다)가 있습니다."

"그렇다면 '전압'이란 무엇입니까?"

"전지의 '엔진'이 작동하지 않으면 자연스럽게 상황이 정상으로 돌아가 전하가 균일하게 재분배된다는 점에서 전지가 수행하는 이 작업은 '긴장' 상태를 만든다고 말할 수 있습니다. 전압은 회로가 열려 있을 때만 나타납니다. 즉 배터리의 극 사이에 절연 물질이 있는 경우입니다(공기도 절연 물질이다. 극 사이에 아무것도 없어도 여전히 공기가 존재한다). 배터리를 검전기에 연결하고 금박 탭이 벌어지는 것을 관찰해 전압을 측정할 수 있습니다."

"그렇다면 '죽은' 배터리는 더 이상 단자에서 전기 유체를 지속적으로 분리할 수 없는 배터리입니까?"

"예. 배터리를 다 사용하거나 시간이 지남에 따라 재료가 손상되어 더 이상 제 역할을 할 수 없게 되면 그렇게 됩니다."

"좋습니다. 하지만 아직 '전류'가 남았습니다."

"볼타 전지의 두 극을 금속 도체를 통해 검전기에 연결하면 배터리 극의 전압을 측정하는 데 사용했던 검전기는 더 이상 아무것도 보여주지 않습니다."

"기전력이 사라진 건가요?"

"아니요. 기전력 작용은 계속 존재하고 있으며, 적어도 두 가지 방식으로 확인할 수 있습니다. 전지의 극이 도선으로 연결되어 있으면 전선이 뜨거워집니다(전지가 죽었다면 전선은 전혀 뜨거워지지 않는다). 또한 소금이 녹아 있는 물통을 전도체로 사용하면 전극 중 하나(배터리 극에 연결된 금속 막대) 주위에 많은 거품이 나타납니다. 그림을 보면 명확하게 알 수 있습니다."

이 두 가지 효과로부터 회로가 닫혀 있고 배터리 극에 연결되었을 때 '무언가'가 회로를 통과한다고 말할 수 있습니다. 이 '무언가'에 우리는 '전류'라는 이름을 붙입니다. 전기 유체는 전지의 기전력에 의해서는 가속되는 동시에 도선의 불완전함에 의해서는 늦춰지

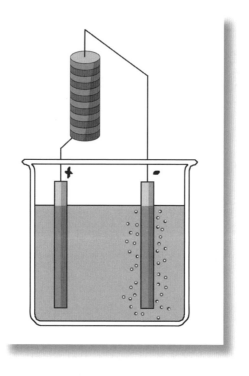

게 됩니다. 따라서 이렇게 형성된 전기 유체의 흐름은 일정한 속력을 갖는다고 생각합니다.

… 그리고 나침반을 잊지 마세요

"음, 제가 뭔가 이해했기를 바랍니다만, 친애하는 교수님, 당신은 왜 '전기'가 아닌 '자기'에 관한 장에 계시나요?"

"1820년 9월 파리의 과학 아카데미에서 우리는 정말 흥미진진한 경험을 했습니다. 저 말고도 장 바티스트 비오Jean Baptiste Biot 교수와 그의 조수인 펠릭스 사바르Félix Savart와 다른 많은 사람이 있었고 우리는 모두 매우 주의 깊게, 말하자면… 자석에 홀린 듯 집중했던 기억이 납니다! 도미니크 아라고Dominique Arago는 코펜하겐의 동료 과학자 한스 크리스티안 외르스테드Hans Christian Oersted 교수의 경험을 우리에게 설명해주었습니다. 외르스테드는 우연히 나침반의 자침을 전류가 흐르는 도체 근처에 놓으면 움직이는 것을 관찰했습니다. 배터리와의 접촉을 제거하면 전류의 흐름이 중단되고 나침반은 아무 일도 없었다는 듯이 원래의 북쪽을 가리키기 시작했습니다.”

"외르스테드가 이 현상을 발견한 것은 정말 우연이었을까요?"
"위대한 물리학자이자 수학자 라그랑주가 말했듯이 이것은 그럴 자격이 있는 사람에게 발생하는 경우입니다!"

"이 관찰이 그렇게 중요했습니까?"

"엄청난 도약이었죠. 우리가 잘 알고 있던 전기물리학에서 시작해 자기 현상을 볼 수 있었으니까요. 전기로 자기를 일으킬 수 있을 거라고 누가 알았겠어요! 우리는 수학 방정식이라는 도구를 사용해 열정적으로 연구하기 시작했고 몇 주 만에 결과가 나왔습니다. 저는 9월 18일에 이미 과학 아카데미에서 발표할 수 있는 내용이 어느 정도 있었습니다."

"나침반의 바늘이 돌게 만드는 것이 정확히 전류의 흐름이라는 것을 어떻게 확신하실 수 있습니까?"

"쉽습니다. 외르스테드는 회로를 닫았을 때 나침반 바늘이 움직이는 것을 관찰했습니다. 회로를 열면 자기 효과는 사라졌습니다."

"그렇다면 전류와 자기 사이에 어떤 연관성이 있을까요?"

"네. 그리고 이 발견은 또 다른 문제를 해결하는 데도 매우 중요했습니다. 지금까지는 전류를 측정할 수 있는 기기가 없었지만 이제는 우리 눈앞에 있습니다. 나침반 근처에서 전류를 흘리고 자침의 변위를 측정하면 됩니다. 저는 이 도구를 갈바노미터galvanometer(검류계)라고 부를 것입니다. 어떻게 생각하세요?"

"저는 이름에 대해서는 아무 할 말이 없지만, 이 도구가 어떻게 작동하는지에 대해서는 궁금한 점이 있습니다. 검류계가 정확한 측정값을 제공하려면 도선을 통해 흐르는 전류의 양과 근처에 놓인 자침의 편향 사이에 어떤 관계가 있는지 정확히 알아야 합니다."

"잘하셨습니다! 맞습니다. 당신 말은⋯ 거의 맞습니다. 당신은 '근처에 위치한다'는 말 또한 너무 포괄적이라는 사실을 잊었을 뿐입니다. 자침은 정확한 거리에 위치해야 하며 우리는 그것을 r로 표시할 수 있습니다."

"그리고 나침반 바늘을 움직이게 하는 힘은 지금까지 우리가 만났던 다른 모든 힘과 마찬가지로 $1/r^2$에 비례하는 것으로 밝혀질 것임을 확신합니다."

"그리고 여기서 당신은 틀렸습니다! 이번에는 힘이 전선을 통해 흐르는 전류의 양에는 비례하지만 거리와의 관계는 $1/r^2$이 아니라 $1/r$입니다."

"그것참 이상하군요!"

회전력

"이 힘의 이상한 점은 비오와 사바르가 발견해 그들의 이름을 붙인 이 법칙뿐만이 아닙니다. 또 다른 흥미로운 점은 자침의 방향입니다. 그림을 보세요."

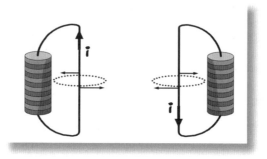

"바늘은 항상 전류가 흐르는 전선 주위의 둘레를 따라 정렬됩니
다. 바늘 머리(또는 꼬리)는 전선을 향하
지 않습니다. 자기(바늘과 같은 방향을 가
진다)는 폐곡선을 따라가는 것 같이 보입
니다. 전선 주위에 쇳가루를 놔두면 전
류가 흐르는 전선이 중심을 통과하는 원
을 따라서 정확하게 배열됩니다."

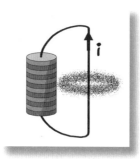

"그런 것은 본 적이 없는데요! 저는 중심을 향해 가거나 반대 방
향으로 멀어지는 힘은 익숙하지만 '빙 돌아가는' 힘에는 익숙하지
않습니다."

"우리 모두 당신처럼 거기에 익숙했지만 얻을 수 있는 이점을
보세요. 우리는 반대로 할 수 있습니다. 직선 도선을 사용해 '빙글
빙글 도는' 힘을 얻는 대신 도선을 구부려 '직선'의 힘을 얻을 수 있
습니다. 그림을 보세요."

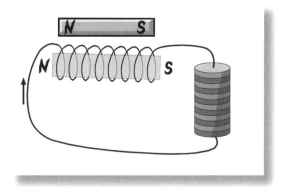

"제가 '솔레노이드'라고 부르는 이 코일 와이어 내부에는 전류가 흐를 때 '직선'의 힘이 생성되고 솔레노이드는 N극과 S극이 있는 자연적인 자석과 똑같이 작동합니다."

"그러니까 우리는 자철석이 없어도 자석을 가집니다. 그런데 왜 자철석은 자석처럼 거동할까요?"

"글쎄요, 자철석과 같은 천연 자석에도 동일한 효과를 내는 숨겨진 내부 전류가 있을지 모르죠."

"요약해봅시다. 전류가 흐르는 전선은 자기력을 생성합니다. 자, 그럼 이제 전류 2가 흐르는 다른 전선, 도선 2를 가져오면 어떻게 될까요?"

"이런 경우 '질문해주셔서 감사합니다'라고 말할 수 있습니다. 무슨 일이 일어났냐면… 앙페르의 법칙으로 설명됩니다. 그림을 보세요."

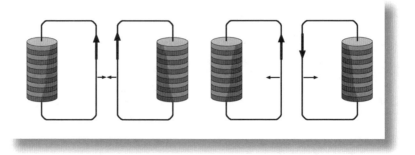

"전류가 같은 방향으로 흐르면 전선 사이에 인력이 작용해 전선이 가까워지려고 하고, 전류가 반대 방향이면 반발력이 작용해 전선은 서로 멀어지려고 합니다."

"분명히 앙페르의 법칙은 그들이 '얼마나' 멀어지거나 더 가까워지려고 하는지도 말해줄 테죠…."

"당연히요! 힘은 두 전류를 곱해 전선 사이의 거리로 나눈 값에 비례합니다."

1800년대 초의 과학자들은 편지로 의사소통했습니다. 이것은 앙페르의 전기역학 연구의 시작입니다.

1822년 7월 10일 파리
선생님,
영광스럽게도 선생께서 제게 보내주신 여러 편지에 즉시 답장을 보내지 못한 것이 너무 부끄러워서 어떻게 해야 당신이 제 사과를 받아들이실 수 있을지 모르겠습니다. 당신이 친절하게도 제게 보내주신 서신은 참으로 매우 소중합니다…. 우리가 다루고 있는 현상에 대해서는…

조용한 크리스마스 아침

앙페르는 영국의 동료 과학자 마이클 패러데이Michael Faraday에게 편지를 쓰고 있습니다. 편지를 따라서 우리는 앨버마를가 21번지에 있는 런던 왕립 연구소에 도착합니다.

여러분이 들으시는 박수갈채는 마이클 패러데이를 위한 것입니다. 매년 그랬던 것처럼 그는 전기를 주제로 한 어린이들을 위한 강연을 막 마친 참입니다.

마이클 패러데이는 조금 괴팍하기는 했지만, 인류 역사상 가장 위대한 실험 과학자였습니다. 그의 아내도 그 점은 어느 정도 알고 있습니다. 1821년 크리스마스 아침 마이클이 "사라, 이리 와봐, 이것이 작동하고 있어!"라고 외쳤습니다.

"뭐가 작동한다고요?"

물론 크리스마스 아침에 기대할 수 있는 것은 아니었습니다. 패러데이는 자석과 전류가 흐르는 전선으로 장치를 만들었습니

다. 전류를 흘려보내는 것부터 시작해서… 움직임이 생성되었습니다. 움직임? 전기 모터가 탄생한 것이었죠. 음, 솔직히 말해서 전기 모터의 할아버지가 태어났던 겁니다. 진짜 모터가 나오기까지 아직 50년 정도가 남았지만 원리는 옳았습니다.

전류가 흐르는 전선은 그 주변에 자기력을 발생시킵니다. 근처에 자석이 있으면 전선과 자석 사이의 자기 반발력으로 인해 전선이 멀어지게 할 수 있습니다.

하지만 전선이 멀어지면 배터리에서 떨어지게 되고 전기가 더 이상 흐르지 않으므로 자기력도 사라집니다.

천재적인 아이디어. 회로 일부는 수은으로 가득 찬 수조로 형성됩니다. 그림을 보세요.

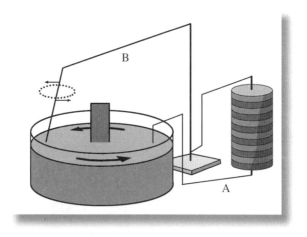

배터리의 한 극에 연결된 전선 A는 수은에 잠겨 있습니다. 다른 극에 연결된 전선 B는 한쪽 끝이 고정되어 지지대에 부착되어 있지만 수은에 잠긴 다른 쪽 끝은 움직일 수 있으며 그것이 잠겨 있는

한 회로는 닫힌 상태로 유지됩니다. 사실 수은은 액체이기는 하지만 금속이며, 전기가 잘 통하는 전도체입니다.

힘의 선

"패러데이 교수님, 어느 대학을 나오셨기에 그런 기발한 아이디어를 생각해내실 수 있었나요?"

"마이클이라고 불러주세요. 간단합니다. 대학을 나오지 않았습니다. 저는 블랜퍼드가에 있는 리보우 씨의 제본소에서 견습 제본공으로 일했습니다. 가족을 부양하는 데 보태기 위해 약간의 돈을 벌면서, 동시에 책을 읽고 또 읽을 수 있었죠. 브리태니커 백과사전 전체가 제 손을 거쳐 갔는데, 제가 그것을 사려고 했다면 많은 돈을 썼어야 했을 겁니다."

"거기에서 모든 것을 배웠습니까?"

"아니요. 저는 화학 교수인 험프리 데이비Humphry Davy 경의 왕립 연구소 강연에 참석할 수 있는 티켓을 선물로 받았습니다. 진정한 볼거리였죠. 2개의 금판을 볼타 전지 기둥의 양극에 연결하고 물에 담가 물을 수소와 산소로 분리하는 데 성공했습니다. 라부아지에의 가설이 예측했던 것처럼 말입니다.

화학에 대한 열정이 대단했죠! 저는 강연에서 필기한 모든 노트를 작은 글씨로 다시 써서 데이비에게 보냈습니다. 그는 제 정확성을 높이 샀고, 그의 실험 도구를 청소하고 수리하도록 저를 고용했습니다. 환상적이었죠! 게다가 일주일에 25실링이었으니까요. 1813년에서 1815년 사이에 저는 데이비와 함께 유럽 전역을 순회했어요. 프랑스, 독일, 이탈리아 등 유럽 전역을 여행하며 많은 것을 배웠죠. 하지만 수학은 공부하지 않고서는 배우기가 매우 어렵습니다. 그리고 제 생각에는 방정식 너머에서 실제로 무슨 일이 일어나고 있는지 이해할 필요가 있습니다."

"방정식보다 더 간단한 것을 찾으셨나요?"
"아마도 더 '직관적'인 것입니다. 힘의 선力線을 찾았죠."

"'힘의 선'이란 무엇입니까?"
"과학자들은 두 전하가 같은 부호인지 반대 부호인지에 따라 서로 밀어내거나 끌어당긴다고 주장합니다."

"전하가 아닌 자석을 가지고 장난쳐봤는데, 자석에 대해서는 사실이라고 확신할 수 있습니다."
"그 반대를 말하는 것이 아니지만, 당신에게 질문을 하나 하겠습니다. 어떻게 전하가 그들 사이에 물리적인 접촉이 없이 그 근처에 다른 전하가 있다는 것을 알 수 있을까요?"

"대답을 위해 필요한 것은…"

"… 아이작 뉴턴 경의 중력의 결과를 확장하면, 그것은 멀리 떨어진 곳에서 순간적으로 일어나는 작용이라는 것입니다. 사실입니다! 사무실 A와 B 주변의 공간은 이들에게 큰 의미가 없습니다. 단지 줄자로 잴 수 있는 거리일 뿐입니다. 우리는 이러한 사고방식을 '원격 작용 학파'라고 부를 것입니다."

"하지만 거기에 대해 다른 생각을 가지고 계신가요?"

방사형 화살

"대신 저는 이렇게 말하는 것을 좋아합니다. 약간의 전하를 띤 도체 A를 예로 들 수 있습니다. 예를 들어 양극(+)… 하지만 실험을 하는 대신 제가 그것을 그려드리겠습니다."

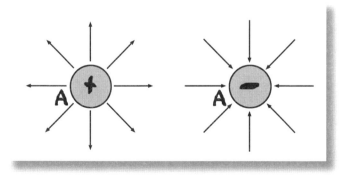

"여기 있습니다. 그런 다음 연필과 약간의 상상력으로 도체 A 주변의 모든 공간이 전하의 영향을 받는다고 생각할 수 있습니다. 이런 영향은 A에서 방사형 패턴으로 나오는 화살표로 그릴 수 있습니다."

"왜 A로 들어가지 않고 나오는 화살표를 그렸나요?"
"이것은 그저 한 번 정하고 나면 그걸로 끝인 결정입니다. 양전하는 화살표가 밖으로, 음전하는 화살표가 안으로 향하는 걸로 했죠."

"좋아요. 알겠습니다. 그리고 이제는요?"
"이제 근처에 작은 전하 B를 놓습니다. 그것 역시 양입니다."

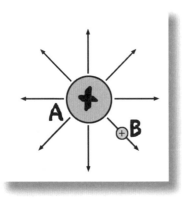

"전하 B는 전하 A의 영향을 받아 밀려납니다. 그리고 정확히 자신이 있는 곳을 지나는 화살표가 가리키는 방향을 따라 밀려나죠. 그러면 A 주위에 그려진 모든 화살표는 전하 A가 생성하는 힘의 장ヵ場을 '알려줍니다.'"

"왜 전하 B가 작아야 하나요? 그것도 크면 안 되나요?"
"문제는 전하가 상호작용한다는 것입니다. 즉 전하 A도 전하 B의 영향을 '느낀다는' 것입니다. 전하 B가 A와 비교해 매우 작다면 우리는 이 사실을 무시할 수 있습니다."

"이해가 잘 안 됩니다."

"우유가 뜨거운지 차가운지 알고 싶다면 컵에 손가락을 넣어보면 됩니다. 손가락은 우유의 온도를 감지하는 데 사용됩니다. 분명히 온도를 느끼기 위해서는 매우 뜨겁지도 차갑지도 않은 무언가를 담가야 합니다. 그렇지 않으면 측정이 엉망이 되겠죠. 우리가 하는 측정으로 인해 온도를 너무 많이 바꾸지 않고 우유의 온도를 측정해야 합니다. 마찬가지로 우리는 측정을 너무 많이 '방해'하지 않으면서 A의 전하를 측정하려고 시도합니다. 이러한 이유로 B는 매우 작아야 합니다. B는 우유 온도를 감지하는 우리 손가락과 같은 겁니다. 그러므로 A는 큰 전하이고 B는 작은 전하가 될 것이라고 말하는 것입니다."

"그리고 만약 A가 음(−)전하라면 어떻게 하나요?"

"화살표 방향을 돌리기만 하면 됩니다. 이제 + 기호가 있는 전하 B를 놓으면 인력을 받습니다(그림 참조). 뿐만 아니라 가까이 가면 힘의 선이 굵어지고 멀어지면 힘의 선이 가늘어집니다."

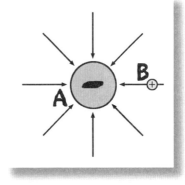

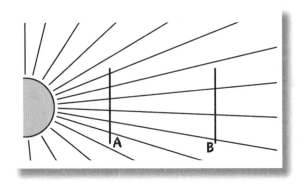

　　"이 도식은 $1/r^2$ 법칙을 기억하는 데 도움이 됩니다. 전하에 가까워지면 힘은 더 강해지고(힘의 선이 촘촘해진다) 멀어질수록 힘은 약해집니다(힘의 선이 희박해진다)."

　　"이 힘의 선은 정말 강력하군요! 그것들은 우리에게 힘의 방향을 알려주고, 힘의 성향(인력 또는 반발력)을 알려주며, 심지어 힘의 세기가 어떻게 변하는지 그래픽으로 알려주네요(선들이 촘촘할수록 힘이 더 강해진다)."

　　"같은 방식으로 그것의 사촌 격인 중력에 대해서도 알 수 있습니다. 연필을 가지고 특정 질량을 가진 물체 주위에 중력장을 그리면 중력에 대해 알 수 있습니다."

　　"제가 정말로 이 그림들로부터 무언가를 배울 수 있을까요?"

장을 가로질러 가기

"이러한 힘의 선이 실제로 존재
한다는 것이 믿어지시나요? 저는 믿
습니다. 실제로 쇳가루를 기름에 띄
워놓으면 제가 연필로 그린 것과 같
은 모양을 관찰할 수 있습니다. 따라
서 이 역장은 우리 상상 속에만 있는
것이 아닙니다."

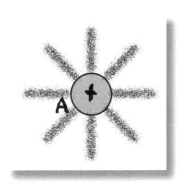

"저는 그림을 선호하지만, 혁명적이고 기발한 아이디어는 아닌
것 같습니다. 당신이 제게 말할 수 있는 것은 전부 쿨롱이 이미 알
고 있던 것뿐입니다."

"새로운 아이디어는 전하 주변의 공간이 단순한 공기가 아니라
고 생각하는 것입니다. 방 한가운데에 전하 A를 놓으면 방 전체가
A에 의해 생성된 역장으로 채워져 있다고 상상해야 합니다. 역장
은 A에 든 전하가 아닙니다. 그저 A의 전하가 이 역장을 생성하는
근원입니다. 마치 우리가 장미꽃을 손에 들고 있는 것처럼, 꽃은 전
하를 나타내고 향기는 방 전체에 퍼져 있는 '역장'을 나타낼 수 있
습니다."

"전하가 역장을 발산한다는 것을 어떻게 알 수 있습니까?"

"간단합니다. 아주 작은 두 번째 전하를 가져와 방에 배치된 전하의 역장을 '맡는' 데 사용하는 겁니다. 그것을 어디에 두든 시험 전하와 방 중앙에 놓인 전하 사이에 인력 또는 척력이 작용함을 알 수 있습니다. 이 역장은 큰 전하에만 의존하며, 제가 역장을 '맛보기' 위해 사용하는 작은 전하에는 의존하지 않습니다. 이 역장은 나중에 '전기장'이라고 불리게 됩니다."

"그런데 수학 방정식 하나 없이 그냥 그렇게 전기장이라고 부른다고요?"

"죄송합니다만 방정식 하나를 쓸 겁니다…."

$$E = k \times \frac{Q_A}{r^2}$$

"여기서 E는 전기장입니다. 전하 q_B가 전기장 E에 놓인 상태에서 어떤 힘을 받는지 알고 싶다면 어떤 일이 일어나는지 보십시오."

$$F = E \times q_B = k \times \frac{Q_A \times q_B}{r^2}$$

"쿨롱 힘으로 돌아갑니다. 한 지점의 전기장을 알고 있다면 어떤 전하가 그 전기장을 생성했는지, 심지어 이 전하가 어느 거리에 있는지도 신경 쓰지 않습니다. 만약 당신이 전기장(E)과 전하(q_B)를 안다면, 당신은 그것이 어떤 힘을 받는지 알기 위해 다른 어떤 것도 필요하지 않습니다. 저와 함께 오시면 제가 실험실에서 아주 잘하는 멋진 실험을 보여드릴게요."

전류 깜빡임

"하지만 뭘 하신 거죠? 이 이상한 회로는 어디에 쓰는 겁니까?"

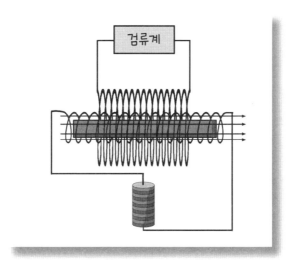

"이것은 다음 질문에 답하기 위한 것입니다. 전류로 자기력을 생성할 수 있다면 그 반대도 가능할까요?"

"그러니까 당신은 자기력으로 전류를 발생시킬 수 있는지 알고 싶은 겁니까?"

"정확히요. 그 질문에 대답하기 위해 저는 이 이상한 장치를 만들었습니다. 볼타 전지에 연결된 솔레노이드(앙페르는 이렇게 불렀을 것이다)입니다. 안쪽에는 자력선을 잘 집중시키기 위해 철심을 넣었습니다. 바깥쪽에는 검류계와 연결된 더 큰 솔레노이드가 있습니다.

3개의 부품(두 솔레노이드와 철심) 중 어느 하나도 서로 닿지 않습니다. 오히려 더 확실하게 하려고 각 부품을 절연천으로 감쌌습니다."

"전류는 내부 솔레노이드, 즉 볼타 전지에 연결된 솔레노이드를 통해서만 흐르나요?"

"물론입니다. 외부 솔레노이드에 연결된 검류계는 실제로 0을 보여줍니다. 전류가 전혀 흐르지 않습니다."

"마이클, 이것은 어떤 종류의 발견입니까? 내부 솔레노이드는 전자석처럼 작동하고(앙페르가 이미 언급한 대로) 외부 솔레노이드는 연결이 끊어져 있어서 전류가 없습니다! 이런 건 거의 저 혼자서도 할 수 있었겠는데요."

"이제 검류계에 눈을 고정하고 주시하십시오. 제가 전지 연결을 끊겠습니다. 집중하세요. 지금…"

"깜빡거렸어요! 검류계 바늘이 깜빡였습니다! 제가 테이블을 움직였나 봅니다."

"다시 보세요. 전지를 다시 연결합니다…."

"또 깜빡이네요! 반대쪽으로요. 이 모든 것의 요점은 무엇입니까?"

"볼타 전지에서 생성된 것과 같은 '좋은 전류'를 얻을 수 없지만,

전지를 연결하거나 분리할 때 최소한 전류의 깜빡임이 발생합니다. 전지를 연결할 때 깜빡임이 양이고 분리할 때는 음입니다. 즉 전류가 잠시 한 방향으로 흘렀다가 다시 반대 방향으로 흐릅니다. 두 회로는 어떤 식으로도 연결되어 있지 않다는 것을 기억하십시오."

"전지를 연결하거나 분리할 때만 발생하는 이유는 무엇입니까?"

"제 생각에는 외부 솔레노이드에 전기의 흐름을 만들기 위해서는 첫 번째 솔레노이드에서 생성된 자기력이 시간이 지남에 따라 변해야 합니다. 제 표현을 빌리자면 검류계에서 관찰되는 전류는 외부 솔레노이드에 의해 '둘러싸인' 자기력선의 수가 어떻게 변화하는지에 따라 달라집니다."

"좀 더 자세히 설명해주세요."

"전지를 분리하면 내부 솔레노이드에는 전류가 흐르지 않고 자력이 없으므로 자기력선의 수는 0이 됩니다. 자기력선이 없는 거죠. 전지를 연결하면 자기력이 생성되고 자기력선 수가 0에서 특정 수까지 증가하기 시작합니다. (그저 숫자를 주기 위해 10이라고 가정해보자.) 그러면 두 번째 솔레노이드에는 먼저 1개의 자기력선이 통과하고 다음에는 2개, 그다음에는 3개…, 최대 10개까지 지나게 됩니다. 자기력선의 수는 매우 짧은 시간에 0에서 10까지 변합니다. 그리고 여기서 전류의 깜빡임이 발생합니다. 자기력선 수가 더 이상 증가하지 않고 10으로 고정되면 검류계로 측정되는 외부 회로의 전류도 사라지게 됩니다."

"… 그리고 전지를 분리하면 반대 현상이 발생해 외부 솔레노이드를 가로지르는 자기력선 수가 10에서 0으로 변하고 전류가 반대 방향으로 깜빡이는 것을 볼 수 있겠군요."

"잘하셨습니다! 두 번째 솔레노이드의 유도 전류(외부 자기력 변화에 의해서만 발생한다는 의미에서 유도된다)는 자기력선이 증가하면 양이고 감소하면 음입니다. 이것은 검류계에서 명확하게 관찰됩니다."

교류 전류

"이게 대단한 발견인가요?"

"장담컨대, 정말 나쁘지 않습니다! 물론 저는 그것을 본 적이 없지만, 미래의 수력 발전소가 어떻게 폭포수에서 전기를 '뽑아낼' 수 있는지 궁금해하지 않으셨습니까?"

"글쎄요, 정말이지… 아뇨. 저는 '당연한' 느낌이 들었습니다."

"제게는 그다지 당연하지 않은 것 같습니다. 어쨌든 원리는 이렇습니다. 두 번째 솔레노이드를 통과하는 자기력선의 수를 변화시키기 위해 회로를 켰다 껐다 할 수 있습니다(그러면 전기의 깜빡임만 얻을 뿐이다). 그렇지만 그림에서 보인 것처럼 두 번째 솔레노이드를 첫 번째 솔레노이드의 좌우로 움직이는 방법도 있습니다."

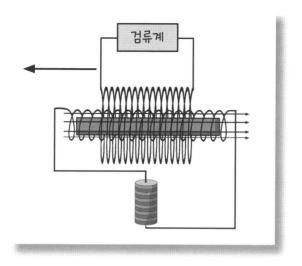

"떨어지는 물의 에너지가 바로 솔레노이드를 움직이는 데 사용됩니다. 사실 어떤 역학적 에너지(물의 에너지)를 다른 역학적 에너지(솔레노이드의 운동 에너지)로 변환하는 것이 어떻게 가능한지 이미 살펴봤었습니다. 솔레노이드를 지속적으로 움직이면 전류가 한 방향으로 조금 깜빡였다가, 다른 방향으로 조금 깜빡이는 현상이 반복됩니다. 외부 솔레노이드에 생성된 전류는 볼타 전지에서 생성된 전류와 같이 일정하지 않고, 솔레노이드를 멀리 가져가면 감소했다가 가까이 가져오면 다시 증가합니다. 전류 그래프를 보시죠."

"그런데 음이 되기도 하나요?"

"자기력선이 감소하면(솔레노이드를 멀리 이동하면) 음이고 증가하면 양입니다. 이전에도 마찬가지로 스위치를 켜거나 끄면 두 방향으로 깜빡임이 관찰되었습니다. 이것을 '교류'라고 부르는데, 바로

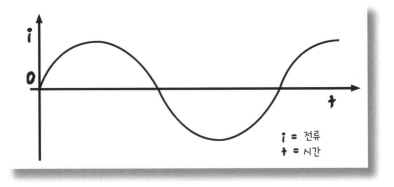

i = 전류
t = 시간

방향이 교대로 바뀌기 때문입니다. 그리고 여러분 집 안에서 사용하는 것이 바로 그것입니다."

찌릿한 만남

우리는 푸른 잎이 무성한 스코틀랜드에 있습니다. 때는 1831년 6월 13일이었고 에든버러 인디아 거리 14번지 2층 맥스웰 집안의 초인종을 향해 날아가는 하늘색 나비넥타이를 맨 황새를 따라가고 있습니다. 아기 제임스를 데리고 오는 황새를 기다리는 것은 아버지 존과 어머니 프랜시스입니다.

제임스는 학교에 갈 때까지 평온하게 자랐습니다. 사실 반 친구들은 늘 대프티dafty(얼간이)라고 부르며 놀리곤 했습니다. 하지만 그 것은 사실이 아니었습니다! 제임스는 그저 조금 수줍음을 탔고 무엇보다 그의 머릿속에는 아이디어가 조금 많이 있었습니다. 사실은 정말로 많았습니다.

1873년에 그는 이미 케임브리지에서 2년째 교수로 재직하고 있었고 데번셔 공작 총리가 임명한 물리학 실험실의 책임자였습니다.

"본조르노Buongiorno, 기다리고 있었습니다…."

"그런데 어떻게 이탈리아어를 할 줄 아세요?"

"네. 6년 전 아내 캐서린과 함께 이탈리아를 여행하면서 당신네 아름다운 언어를 조금 배운 적이 있습니다."

"교수님, 옥스퍼드에서 발표한 전기와 자기에 관한 당신 책은 엄청난 성공을 거두고 있습니다."

"비결이 있는데요. 제 책은 이론과 공식으로 이루어졌지만, 이 책을 쓰기 전에 패러데이가 수행한 모든 실험 연구를 철저히 조사해서 문서로 만들었습니다. 이론을 연구하는 사람들은 실험하는 사람들과 긴밀한 관계를 유지해야 합니다. 왜냐하면 최고의 결과는 함께 해야 얻을 수 있기 때문입니다."

"그분과 이야기를 나누어봤는데 그의 연구는 매우 흥미로웠습니다."

"패러데이는 훌륭한 실험가였을 뿐만 아니라 거의 수학에 근접

한 엄격한 현상 설명 방법을 가지고 있었습니다."

"그는 힘의 선에 대해 이야기하고 있는데 선생께서는 그 그림에 수학적 형식을 어떻게 부여하시나요?"

"우리가 그것을 해낸다면(그리고 저는 해냈습니다. 그렇지 않았다면 당신이 여기서 저와 이야기하고 있지 않았을 테죠) 우리는 전자기 현상을 효과적으로 해석할 수 있을 것입니다. 그리고 몇 가지 계산도 할 수 있습니다. 게다가 몇 가지 원리에서 시작해 펜과 종이를 사용해 알려진 모든 전자기 현상에 대한 설명을 끌어낼 수 있습니다. 먼저 제 책을 읽어보세요."

"제게는 너무 과한 것 같은데요, 좀 도와주실 수 없을까요?"

"296페이지에서 제 방정식을 설명했지만 반복하도록 하겠습니다. 저는 아무것도 발명하지 않았습니다. 패러데이의 모든 논점이 어떻게 몇 가지 수학 기호로 우아하게 설명될 수 있는지 알게 될 것입니다. 파티 드레스를 걸치는 것과 비슷하죠."

맥스웰 방정식

"부록을 읽지 않으셨다면 제 방정식은 이전 학자들의 경험과 결과를 요약한 것이며 전기장과 자기장의 거동을 계산하는 데 사용된다고 말씀드릴 수 있습니다. 하지만 그리고 마지막에 저는 세상을 바꿀 새로운 것을 추가했습니다. 패러데이는 도체를 통과하는 자기장의 변화가 이 도체에 가변 전류를 생성한다는 사실을 이미 알았습니다. 음, 저는 그 반대도 사실이어야 한다고 생각했습니다. 즉 전기장의 변화가 가변 자기장을 생성해야 한다고요."

무선으로

"이것이 의미하는 것은 무엇입니까?"

"그것은 시간에 따라 변하는 자기장이 시간에 따라 변하는 전기장을 생성하고, 시간에 따라 변하는 이 전기장은 다시 변하는 자기장(은 전기장을 생성한다)을 생성한다는 것을 의미합니다…. 요컨대 제 방정식은 전하나 도선 없이 퍼져나가는 전자기장을 설명합니다. 그것은 제 뒤를 이은 헤르츠Hertz와 마르코니Marconi와 같은 뛰어난 계승자들의 도움으로 라디오, 텔레비전, 심지어 휴대전화를 만들 수 있다는 것을 의미합니다.

"휴대전화로 통화할 때 친구와 연결된 선이 없지만 친구의 목소리가 전달되는 것은 사실입니다. 실례지만 교수님, 하지만 친구의 목소리가 바로 들리는데 이 전자기장은 얼마나 빨리 이동하나요?"

"제 방정식에 따르면 2개의 전기장과 자기장이 연속적으로 이어지면서 전자기파가 생성되고 이 전자기파는 다음과 같은 빠른 속도로 전파된다는 것을 알 수 있습니다."

$$v = 288{,}000{,}000 \, \frac{\text{m}}{\text{s}}$$

"와우, 엄청 빠르네요!"

"정말입니다! 그리고 6 m 실험실을 가로지르는 데 200억분의 1초밖에 걸리지 않습니다. 원거리 작용 학파의 생각처럼 거의 즉각적인 작용으로 보일 것입니다. 1849년 아르망 이폴리트 루이 피조 Armand Hippolyte Louis Fizeau가 측정한 최신 결과에 의하면 빛은 초당 3억 1,400만 m의 속도로 공기를 통과하는 것으로 보입니다. 제 측정값과 피조의 측정값은 아직 충분히 정확하지 않지만 시간이 지나면 아마도 이 두 속도가 정확히 같다는 것이 밝혀질 것입니다. 따라서 제 생각에 우리가 보는 빛은 전자기장의 파동일 뿐입니다."

벨 에포크, 아름다운 시대

파리의 거리에서는 시간이 얼마나 빨리 가는지! 우리는 지금 프랑스 혁명 100주년을 맞이하고 있습니다. 1889년 벨 에포크의 즐거움을 만끽하던 파리 귀족들은 만국 박람회의 파빌리온을 방문하며 전자기학에 대한 기술적 진보를 배우기 시작했습니다.

정말이지 모든 것이 있었습니다. 최고의 발견, 최고의 제품, 최고의 전자기학!

가장 놀라운 명소는 파리의 멋진 전망을 감상할 수 있는 매우 높은 탑이었습니다. 그것은 공학자 구스타브 에펠Gustave Eiffel이 지은 것으로, 전시회가 끝나도 철거하지 않기를 바랄 뿐입니다.

전류가 흐르면 자석처럼 작동하던 솔레노이드를 기억하십니까? 이제 우리는 그것으로 무엇을 해야 할지 알았습니다. 전기회로를 닫는 버튼과 금속 망치를 넣기만 하면 됩니다. 그리하여 경이로움 중의 경이로움, 버튼을 누르면 부유한 저택과 최고급 호텔의 호화로운 방에서는 초인종이 울렸습니다. 그

리고 전등을 켤 수 있는 전기가 있는 집과 파라솔을 들고 산책하는 여성들과 동행할 수 있는 놀라운 비행 기계를 상상하는 몽상가들이 적지 않았습니다.

신사 숙녀 여러분, 나무 스위치를 돌리면 응접실에 불이 켜집니다.

19세기 말은 가스 조명이 전기 조명으로 대체되려던 시기였습니다. "모든 층에 전기가 들어옵니다"라는 임대 아파트 광고 문구도 있었습니다. "다이얼을 돌리면 이웃 방과 연락할 수 있습니다." 심지어 전화기도 조심스럽게 도입되었습니다.

추울 때는요?

백열등으로 전기 히터를 만들 수 있었습니다. 1920년 무렵에는 대도시 가정에 전기가 널리 보급되었습니다.

그렇다면 이 모든 전기는 어디서 끌어올까요?

1880년경 선진 산업 국가들은 패러데이 발전기와 같은 발전기를 이용해 전기를 생산할 구상을 하기 시작했습니다.

이렇게 최초의 발전 회사가 탄생했습니다.

열의 움직임: 열역학

뜨거움과 차가움의 개념은 언뜻 보기에는 매우 이해하기 쉽습니다. 하지만 일상에서도 "수프가 뜨거워요. 엄마, 안 먹을래요!", "거짓말하지 마. 안 뜨거워. 지금 당장 다 먹어." 누가 맞을까요? 우리는 뜨거움과 차가움을 정의하는 보편적인 방법, 즉 모두가 이해할 수 있는 척도를 찾아야 합니다.

이미 1300년대 초에 학자들은 다음과 같은 질문을 던지기 시작했습니다. 아리스토텔레스(중세에 가장 인기 있었던 사상을 가진 그리스 철학자)가 말했듯이 열이 물체의 성질이라면, 이 물체는 얼마나 많

은 열을 가지고 있을까?

여기에 '열이란 무엇인가?'라는 질문을 덧붙이면 우리의 문제는 예상보다 조금 더 어려운 것으로 밝혀집니다.

실생활에서의 경험

그러나 우리는 열에 관한 생각이 몇 가지 있으며 거기서부터 시작하는 게 좋겠습니다.

물이 담긴 냄비를 불 위에 올려놓으면 냄비와 물이 뜨거워집니다. 냄비에 물이 적으면 많은 양의 물을 넣었을 때보다 끓는 데 시간이 적게 걸립니다.

뜨거운 물체를 차가운 물체와 접촉시키면 뜨거운 물체는 식고 차가운 물체는 따뜻해집니다. 그 반대로는 절대, 절대로 일어나지 않습니다.

그런데 이것 또한 이상합니다. 왜 열은 항상 더 뜨거운 물체에서 차가운 물체로 흐르고 차가운 물체에서 따뜻한 물체로는 흐르지 않는 걸까요? 궁금했던 적 없으신가요?

사실 차가운 물체에도 일정량의 열이 포함되어 있어서 그보다 더 차가운 물체와 접촉하면 다시 차가워지면서 열 일부가 제3의 물체로 전달됩니다. 열이 무엇인지 알 수 있다면 이러한 열전달 메커니즘을 이해할 수 있을 것입니다.

다시 원점으로 돌아왔습니다.

뜨거운 물의 발견

아주 작은 냄비에 집의 수도꼭지에서 나온 찬물을 손가락 한 마디만큼 채웁니다. 3분 동안 불에 올려놓습니다. 가스레인지를 끄고 물에 손가락을 넣어보십시오. 아니, 화상을 입을 수 있으니 그러지 마세요. 이제 수도에서 나오는 차가운 물 7~8 리터를 받아 큰 냄비에 담고 3분 동안 불 위에 올려놓습니다. 이제 가 열된 물에 손을 담그면  전혀 화상을 입지 않을 것입니다. 오히려 상당히 차갑게 느껴질 것입니다.

두 경우 모두 같은 양의 열을 물에 공급했지만(같은 시간 동안 같은 불로 물을 가열했다) 같은 결과를 얻지는 못했습니다.

하나로 묶인 것을 분리하다

방금 수행한 실험에서 어떤 결론을 끌어낼 수 있을까요? '열'이라는 개념이 원시인에게 이미 알려져 있었다고 가정하면, 이 질문에 답하는 데는 수백만 년이 걸렸습니다. 여러분이 직접 이해할 수 있도록 시간을 드리겠습니다.

충분히 드렸습니다. 제가 말씀드리지요. 열과 온도는 같은 것이 아닙니다.

물론 연관은 되어 있습니다. 큰 냄비에 열을 가한 후 조금 따뜻해졌지만, 작은 냄비처럼 온도가 올라간 것은 아닙니다. 우리는 같은 양의 열을 공급했지만 같은 온도를 얻지는 못했습니다.

당신은 당연하다고 말할 것입니다. 처음 경우에는 물이 적으니 약간의 열로 충분했지만 두 번째는 물이 많아서 열을 조금 가한 것은 거의 소용이 없었다고.

전혀 당연하지 않습니다. 그것은 물체의 온도가 우리가 공급하는 열뿐만 아니라 예를 들어 우리가 가열하려는 물질의 양에 따라서도 달라진다는 것을 의미합니다. 뿐만 아니라 가열하려는 물질의 종류에 따라서도 달라질 수 있습니다. 예를 들어 김이 모락모락 나는 찻잔에 금속 티스푼을 담그면 매우 뜨거워지지만 나무 숟가락은 거의 뜨거워지지 않습니다.

생각해보기

이런 예는 우리가 주변에서 일어나는 일을 관찰하는 데 얼마나 주의를 기울이지 않는지 깨닫게 해줍니다. 차 한 잔보다는 파스타 물을 끓이는 데 시간이 더 오래 걸린다는 것은 너무나 당연해 보입니다. 나무 숟가락이 뜨거워지지 않거나 열이 뜨거운 물체에서 차가운 물체로 전달되고 그 반대 방향으로는 절대 전달되지 않는다는 것이 너무나 당연한 일처럼 보입니다. 이 모든 것이 우리에게는 너무나 당연해 보이기 때문에 우리는 그것에 대해 어떤 질문도 하지 않습니다. 다행히도 역사를 통틀어 항상 그런 것은 아니었습니다.

갈릴레오는 1592년에 이미 좀 더 명확하게 살펴보기로 했고 온도계를… 더 정확하게는 거의 온도계를 발명했습니다.

그는 시험관에 물을 조금 채우고 그것을 뒤집어 수조에 거꾸로 세웠습니다.

시험관 상부에 들어 있던 공기가 가열되면 팽창하면서 물을 아래로 밀어내지만, 공기가 냉각되면 수위가 상승했습니다.

'거의'라고 한 것은 갈릴레오가 정확한 수위를 측정하기 위한 눈금을 병목에 표시하지 않았기 때문입니다. 여러분이 온도계에서 볼

수 있는 눈금(사실 1631년
에 레이가 추가했다)은 정확
한 측정값, 즉 숫자를 제
공합니다.

그러면 정확히 두 가지
온도를 비교할 수 있습니

다. 36.8°C면 학교에 가야 하고 37.2°C면 집에 있을 수 있습니다. 이
온도계는 단 10분의 4°C 차이로 하루를 바꿀 수 있는 유용한 기구
입니다.

의사와 온도계

물리학과 화학에 열정적이었던 스코틀랜드 의사 조지프 블랙
Joseph Black(1728~1799)은 이렇게 주장했습니다.

"온도계를 사용함으로써 우리는 처음에는 서로 다른 온도였던
금속, 돌, 나무, 깃털, 양모, 물과 같은 다양한 물체를 가열하지 않은
방에 넣고 시간이 지나면 이 물체들은 모두 같은 온도를 가진다는
것을 알게 되었습니다."

"그러니까 모든 물체가 같은 양의 열을 가질 때까지 뜨거운 물
체에서 차가운 물체로 열이 전달되는 것입니까?"

"아니요. 같은 양의 열은 아닙니다. 모두가 같은 온도가 될 때까지입니다. 물체 내부의 열량과 온도를 혼동하는 것은 매우 성급한 추론 방식입니다. 열과 온도가 서로 다른 개념이라는 건 냄비 실험에서 이미 배웠을 것입니다."

"하지만 열과 온도는 항상 관련이 있지 않나요? 제가 만약 물이 담긴 냄비를 계속 가열하면 온도가 항상 올라가지 않습니까?"

"반은 맞고 반은 틀립니다. 아주 아주 차가운 물, 즉 얼음덩어리를 불에 올리는 걸로 시작하겠습니다. 먼저 얼음을 냄비에 넣은 다음 불에 올리는 것이 좋겠네요."

"충고 감사드립니다, 조지프!"

"천만에요. 계속합시다. 냄비에 온도계를 넣습니다. 불을 켜면 온도계 눈금이 올라가기 시작하고, 오르고, 오르다가… 특정 지점에서 멈춥니다."

"누가 불을 껐나요?"

"아무도요. 그러나 눈금은 여전히 가만히 있습니다."

"무슨 일이 일어나고 있는 거죠?"

"냄비 안을 보면 얼음이 떠 있는 물이 보입니다. 얼음은 녹고 있고 온도계 눈금은 가만히 있습니다. 얼음이 모두 녹아서 냄비에 물만 남으면 온도계 눈금이 다시 올라가기 시작합니다. 올라가고 올라가다가 다시 멈춥니다."

"믿을 수 없군요! 이번에는 무슨 일이 일어나고 있나요?"

"물이 끓고 있습니다. 물이 끓는 동안 눈금은 다시 가만히 있습니다."

"그래서 열과 온도가 항상 관련된 것은 아니라고 말씀하시는 겁니까?"

"물론이죠. 제가 지적한 것과 같이 우리가 물체에 공급하는 열이 물체 온도를 높이는 데 도움이 되지 않는 예도 있습니다. 공급된 열은 물체 안에 '숨어' 있는 것처럼 보이기 때문에 우리는 이를 '잠열', 즉 숨어 있는 열이라고 부릅니다."

"항상 그런가요? 얼음이 녹거나 물이 끓을 때마다 온도계가 멈춰 있나요?"

"예. 물이 '상태 변화를 할 때'는 언제나 그렇습니다. 물이 빠져나간다는 의미가 아니라 고체에서 액체가 되거나 액체에서 기체가 되면 우리가 공급하는 열은 온도를 높이는 데 도움이 되지 않습니다. 게다가 온도계는 항상 같은 지점에서 멈추기 때문에 얼음이 녹을 때 수은주의 높이에 온도계 눈금을 표시하고 이것을 섭씨 0도의 값이라고 정합니다. 그리고 물이 끓고 있을 때의 높이에는 100℃의 값을 써넣습니다. 이것은 셀시우스Celsius(섭씨攝氏는 셀시우스를 음차한 것-옮긴이)가 발명한 척도지만 영국에서는 파렌하이트Fahrenheit가 발명한 또 다른 척도 화씨(셀시우스가 섭씨가 된 것처럼 파렌하이트를 화씨華氏로 음차했다-옮긴이)가 사용됩니다."

세상은 사다리로 이루어져 있다

"블랙 선생, 파렌하이트는 왜 온도에 대한 새로운 척도를 발명할 필요성을 느꼈습니까?"

"사실은 반대로 일어났습니다. 먼저 화씨온도계가 생겼고 저도 그것을 사용했었지만, 이후 더 간단한 섭씨온도계로 대체되었습니다. 그러나 영국인은 관습을 바꾸는 것을 좋아하지 않으므로 여전히 화씨를 사용하고 있습니다."

"한 가지 질문이 떠올랐습니다. 뜨거운 물과 찬물을 섞는 대신 뜨거운 물과 차가운 수은을 섞으면 어떻게 될까요?"

"20℃ 물 1리터와 10℃ 물 1리터를 섞으면 15℃ 물 2리터가 됩니다. 대신 20℃의 물 1리터와 10℃의 수은 1리터를 취하면 물의 온도에 훨씬 더 가까운 혼합물이 됩니다. 수은 온도를 1℃ 올리는 데 필요한 열의 양이 같은 양의 물에 필요한 열의 양보다 적다는 사실은 열과 온도가 서로 다른 2개의 개념이라는 것을 더 잘 이해할 수 있게 해줍니다."

"그렇다면 열이란 무엇일까요?"
"우리는 그것을 열소라고 부르는 물질로 생각합니다. 열소는 두 물체가 같은 온도에 도달할 때까지 더 뜨거운 물체에서 더 차가운 물체로 이동하며, 물이 관으로 연결된 용기에서 이동하는 것과 비슷합니다. 물은 같은 수위에 도달할 때까지 높은 수위에서 낮은 수위로 이동합니다."

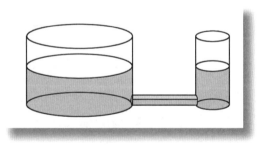

"글쎄요, 당신은 스스로 모순을 일으키고 있습니다! 당신은 열과 온도가 서로 다른 것이라고 주장하시더니 이제는 한 물체에 너무 많이 있는 열소가 같은 양이 될 때까지 다른 물체로 이동해 같은

228

온도에 도달한다고 말씀하시네요."

"방금 같은 온도를 말한 것이지 같은 양의 열소를 말한 게 아닙니다. 사실 관으로 연결된 용기에서 물은 같은 양의 물이 아니라 같은 수위에 도달합니다. 그림을 보세요. 한 용기는 넓고 다른 용기는 좁은 경우, 수위가 같아야 하므로 넓은 용기에는 좁은 용기보다 훨씬 더 많은 물이 담겨 있습니다. 열소의 경우도 마찬가지입니다. 접촉한 두 물체는 매우 다른 양의 열소를 포함할 수 있지만 온도는 같아집니다."

열소의 무게

"좋아요. 알겠습니다. 같은 온도가 될 때까지 일정량의 열소가 한 물체에서 다른 물체로 전달됩니다. 그럴듯하게 들리지만 이 과정에서 열소를 주는 물체는 무게가 줄어들고 그것을 받는 물체는 무게가 늘어나나요?"

"아닙니다. 증거에 따르면 물체에 포함된 열소의 양과 관계없이 물체의 무게는 항상 같습니다."

"그게 어떻게 가능하죠? 열소는 무게가 안 나가나요?"

"실제로는 무게가 나가지 않는 것 같습니다. 그것은 무게가 없는 물질입니다… 그런 일은…"

"글쎄요, 그런 일들은 흔히 있는 일이 아닙니다!"
"현재 물리학의 역사에서 우리 과학자들이 불가량不可量, 즉 무중
력 유체의 존재로 거슬러 올라가는 몇 가지 현상이 있습니다. 우리
는 전기와 자기 현상 또한 이런 식으로 설명합니다."

"저는 이것이 어느 정도 설득력이 있다고 말할 것입니다. 물질
이 어떻게 무게를 가지지 않을 수 있나요?"

더 많은 미스터리

"열소에 관한 질문 중 답이 없는 것은 이것뿐만이 아닙니다. 생
각해보십시오. 열원을 사용하지 않고 물체를 따뜻하게 하는 방법을
생각해내실 수 있습니까? 예를 들어 원시인이 어떻게 불을 피웠는
지(왜 현대인들은 절대로 불을 피우지 못하는지는 모르겠지만…) 기억하십
니까? 막대기를 문질렀죠. 문지르는 것도 손을 따뜻하게 하는 데

효과적입니다. 이 현상은 한 물체
에서 다른 물체로 열소가 전달되는
것으로는 설명할 수 없습니다. 왜
냐하면 문지르는 동안 두 물체가
동시에 가열되기 때문입니다."

"열소는 무게가 없을 뿐만 아니라 무에서도 생성될 수 있는 것으로 보입니다. 가장 대담한 정신을 가진 사람에게도 약간은 지나치죠."

"그러나 가장 대담한 마음의 특징은 절대로 낙심하지 않는다는 거죠. 그래서 해결책을 찾았습니다. 마찰은 비열을 변화시켜 물체의 내부 구조를 바꾼다는…"

비열이란

비열은 어떤 물질의 온도를 1℃ 올리기 위해 그 물질 1 g에 공급해야 하는 열량입니다.

우리는 이미 금속 숟가락을 가열하면 나무 숟가락보다 온도가 더 올라가는 것을 보았습니다. 이것은 금속에는 약간의 열을 가하는 것만으로도 온도가 1℃ 상승한다는 것을 의미합니다. 금속은 비열이 낮습니다. 반면 나무는 비열이 커서 온도를 높이려면 많은 열을 공급해야 합니다.

비열과 마찰

마찰로 인한 온도 상승을 설명하는 아이디어는 다음과 같습니다. 마찰로 인해 물체의 내부 구조가 변화하고 이러한 변화로 인해 비열이 감소한다는 것입니다.

이런 식으로 물체에 이미 포함된 열은 그들의 온도를 상승시킵니다. 왜냐하면 비열의 변화로 인해 더 적은 열로도 더 높은 온도를 가지기에 충분하기 때문입니다.

칼로리 앰플

이 개념을 이해하기 위해 물과 또 다른 비교를 해보겠습니다. 풍선과 같이 팽창과 수축을 할 수 있는 투명한 용기를 예로 들어보겠습니다. 약간의 물을 채우고 닫은 다음 테이블 위에 놓습니다. 수위를 측정해봅시다. 3 cm군요. 자, 이제 풍선의 너비가 줄어들도록(구조가 바뀌도록) 풍선을 손으로 쥐면 수위는 올라갑니다. 그러나 물의 양이 증가했기 때문이 아니라 단지 용기의 모양이 바뀌었을 뿐입니다.

예를 들어 쇠막대기와 같은 물질의 내부는 열소를 담을 수 있는 무수히 많은 작은 앰플들로 구성되어 있고 온도는 앰플에 들어 있는 열소의 수위와 같다고 생각할 수 있습니다.

만약 이들 용기가 마찰로 인해 모양이 변하면, 예를 들어 그것들이 모두 수축해 수위가 올라가면 이미 존재하던 같은 양

의 열소는 더 높은 수위에 도달하고 온도계는 더 높은 온도를 표시합니다. 그 당시 과학자들이 작은 앰플의 존재를 믿었던 것은 아니며, 이는 개념을 '시각화'하기 위한 예시일 뿐입니다.

문지르기 전　　　　　　　문지른 후

미국인들이 오다

이 설명은 합리적이지만 과연 맞을까요? 알아봅시다! 이런 경우 테이블에 둘러앉아 토론하면 모든 사람에게 자신의 의견을 말할 수 있는 시간이 주어집니다. 다행히 갈릴레오는 새로운 길을 열었습니다. 가설이 옳은지 알기 위해서는 가설을 검증해야 합니다. 실험을 수행해야 하며, 그 결과는 의심의 여지가 없어야 합니다.

벤저민 톰프슨Benjamin Thompson을 소개할 시간이 왔습니다. 그는 1753년 미국 매사추세츠에서 태어났으며 물리학의 역사에 본격적으로 뛰어든 두 번째 미국인입니다. 우리는 이전에 첫 번째 인물

을 만난 적이 있습니다. 벤저민 프랭클린이었습니다.

당시에는 물리학에 종사하는 미국인이 거의 없었으며, 그 소수의 미국인은 고립되지 않기 위해 유럽에 와서 공부하고 일할 수밖에 없었습니다.

톰프슨 역시 독일로 이주해 럼퍼드 백작Earl of Rumford이 되었으며 그 이름으로 역사에 남게 되었습니다. 그는 군인이었고 대포를 만드는 공장 작업에 밀접하게 연관되어 있었습니다.

드릴링 머신으로 큰 금속 원통을 '파내어' 포신 내부의 모양을 만들었습니다.

이 작업 중에 대포와 제거된 금속 부스러기는 어떠한 열원에 의해 가열되지는 않았음에도 불구하고 매우 높은 온도까지 도달했습니다.

뜨거운 부스러기

"저는 뮌헨 무기창에서 대포 드릴링 작업을 감독하고 있었는데 대포가 도달하는 엄청난 온도와 깎아낸 금속 부스러기가 도달하는 훨씬 더 높은 온도에 놀랐습니다."

"당연히 당신은 기계 작동 중에 발생하는 이 모든 열이 어디에서 오는지 궁금했겠군요."

"정확히요. 만약 그것이 원래 금속 자체의 비열 대비 부스러기의 비열 변화 때문이었다면 이를 증명할 방법을 찾아야 했습니다."

"찾으셨나요?"

"물론이죠. 그렇지 않았다면 제가 지금 여기서 그것에 대해 말씀드리고 있지 않았을 것입니다. 저는 드릴링 중에 가열된 일정량의 부스러기를 가져갔습니다. 저는 같은 양의 동일한 금속을 가져다가 가열해 부스러기와 같은 온도까지 올렸습니다."

"결국 두 금속의 양은 같은 온도에 도달했습니까?"

"예. 하지만 첫 번째 경우에는 열소를 전혀 공급하지 않았기 때문에 아마도 기계적 운동이 금속의 비열을 변형했기 때문에 온도가 그렇게 높았을 것입니다. 그러나 두 번째에는 일정량의 열소를 제공했습니다. 저는 두 금속을 같은 온도(59.5°F)를 가진 같은 양의 물로 채워진 2개의 용기에 넣은 다음 물의 온도를 측정했습니다. 무엇을 얻었을까요? 온도가 달랐을까요, 아니면 같았을까요?"

"같았습니다."
"세상에, 그걸 어떻게 아셨죠?"

"음, 당신은 같은 온도를 가진 같은 양의 금속을 같은 온도와 같은 양의 물이 든 두 동일한 용기에 넣었습니다. 다른 결과가 나올 수 있을까요? 문장 전체에 '다르다'라는 말이 단 하나도 없는데요!"
"이 문제는 언어적인 문제라기보다는 과학적인 문제입니다. 만약 기계적 운동이 금속의 비열을 변화시켰다면 실험이 끝났을 때 2개의 동일한 온도를 얻지 못했을 것입니다."

"그건 왜죠?"
"왜냐하면 만약 금속의 비열이 변했다면 특정 온도를 유지하는 데 더 적은 열소가 필요했을 것이고, 따라서 물에 더 많은 양의 열소를 내주었을 것이고 그러면 물-대포 금속 부스러기 계는 물-가열된 부스러기 계보다 더 높은 온도가 되었을 것이기 때문입니다. 그러나 그런 일은 일어나지 않았습니다."

"그러니까 제가 답을 맞힌 거네요! 상은 뭐죠?"

그리고 다시 원점으로 돌아오다

"열이란 무엇인가에 대해 다시 원점으로 돌아왔다는 사실에 조금이나마 위안을 얻으세요. 지금으로서는 그것이 물질로는 보이지 않는다는 정도만 알고 있습니다."

"그것이 무슨 관련이 있는지 잘 이해가 안 되네요…."

"관련이 있습니다. 왜냐하면 그것이 물질이라면 어디서 왔을까요? 사실 우리는 이 물질이 불에 의해 생성된다고 생각할 수 있지만 제 대포의 경우에는 불이 없을 뿐 아니라 다른 열원도 전혀 없었습니다. 그런데도 온도는 극적으로 상승했습니다. 무엇이 이 모든 열, 이 모든 열-물질을 무에서 만들 수 있을까요? 물질은 생성되지 않으며 기껏해야 변형될 뿐입니다."

"그렇다면 금속을 희생시키면서 열량이 생성되었을 수 있을까요? 그러니까 일정량의 금속이 열로 변환될 수 있었을까요?"

"이론적으로는 그것도 가능하겠죠. 그래서 저는 가열하기 전, 냉각한 후 등등 모든 무게를 재고 또 쟀지만 아무것도 나오지 않았습니다. 무게는 전혀 변하지 않았습니다. 아무리 가열하고 식혀도 뜨거운 금속과 차가운 금속은 무게가 같았습니다."

"젠장, 멋진 작은 문제군요! 쉬운 단원을 시작한다고 생각했었는데. 당신은 열이 무엇이라고 생각하시나요?"

"열은 운동이라고 생각합니다."

"이 아이디어는 정말 이상하군요. 움직임이라니…. 어떻게 생각해내셨나요?"

"대포 포구를 갈아내면서 온도가 상승하는 동안 금속에 지속적으로 공급한 것은 움직임뿐이었기 때문입니다. 고대인들이 한 유일한 일은 막대기 2개를 문질러 운동시킨 것이었습니다. 이것으로 그들은 불을 피울 수 있었죠. 열이 더 많으면 당신은 죽습니다."

"대포를 맞아도 죽습니다."

"그건 또 다른 이야기죠…."

증거가 필요해!

현재로서는 '열은 운동이다'라는 말은 '열은 물질이다'라는 말과 다를 바 없이 들립니다. 그렇게 생각하는 걸로는 충분하지 않습니다. 증명해야 합니다.

이 진술이 우리를 설득하는지 확인하기 위해 조금 기다려야 합니다. 잠시 멈춰서 주변을 둘러보는 것이 좋겠습니다.

우리는 1800년대 초 유럽에 있습니다. 영국 기술자 제임스 와트 James Watt(1736-1819)는 광산에서 매우 중요한 용도로 쓰이는 증기

기관을 최근에 완성했습니다. 이 증기기관은 터널에서 물을 퍼 올리는 데 사용되어 채굴 작업을 훨씬 빠르고 안전하게 만들었습니다.

땅속에서 채굴한 원자재를 기반으로 하는 영국 경제는 이 새로운 발명품으로 인해 놀라운 추진력을 얻었습니다.

증기기관이 영국에 제공한 가장 큰 공헌은 의심할 여지없이 탄광 개발을 되살렸다는 것입니다…. 철과 불은 기계 기술의 버팀목입니다. 아마도 이것들의 사용에 의존하지 않는 영국의 산업 시설은 단 하나도 없을 것입니다. 오늘날 영국에서 증기기관을 박탈하는 것은 영국의 모든 부의 원천을 말리는 것입니다…. 이 엄청난 힘을 소멸시키는 것입니다….

이 글을 쓴 이는 1796년 파리에서 태어난 프랑스인 사디 카르노 Sadi Carnot였으며, 프랑스인으로서 그는 영국이 경제적으로 우위를 점하는 것을 전혀 달가워하지 않았습니다.

저명한 수학자이자 정치가인 라자르 카르노Lazare Carnot의 아들이었던 사디는 페르시아 시인 사디Sa'di를 기리기 위해 이 이상한 이름을 갖게 되었습니다.

사디 카르노는 영국보다 더 강력한 열기관을 만들 수 있어도 전혀 개의치 않았을 것입니다. 이것이 그가 이론적인 관점에서 그 기

능을 연구하려고 노력한 이유이며 예상치 못한 만큼 중요한 결과에
도달했습니다.

열기관

열기관은 물질이 가열되면 팽창한다는 사실을 이용합니다. 이
는 온도계도 마찬가지입니다. 온도가 올라가면 모세관에 들어 있
는 수은이 팽창하면서 모세관을 따라 '상승'합니다.

이 현상은 부엌에서 뚜껑이 있는 냄비의 물이 끓을 때도 쉽게 관
찰할 수 있습니다. 증기가 팽창해 뚜껑을 들어 올리면 증기 일부가
빠져나가고 뚜껑이 냄비에 다시 떨어지며 순환 과정이 다시 시작됩
니다.

이 기계가 하는 일은 뚜껑을
들어 올리는 것입니다. 만약 우리
가 뚜껑에 바퀴를 연결한다면 바퀴
가 돌아가게 할 수도 있습니다.

기계 과정과 순환

기계가 계속 작동하려면 한 '사이클'을 완료해야 합니다. 그래야
처음부터 다시 시작할 수 있고, 기계가 만들어진 목적에 맞는 일을
계속해서 수행할 수 있습니다.

기계를 시작점으로 되돌리기 위해서는 열로 인해 팽창한 것이 냉각되면 다시 수축한다는 사실을 이용할 수 있습니다.

예를 들어 냄비가 뚜껑 대신 플런저로 닫혀 있어 증기가 빠져나가지 못한다면, 열원에서 냄비를 들어내어 냉장고에 넣고 증기가 응축되어 부피가 줄어들어 플런저가 다시 시작점으로 돌아갈 때까지 기다려야 할 것입니다.

그런 다음 냄비를 다시 불에 올려놓으면 처음부터 다시 시작할 수 있습니다.

이것이 열기관이 작동하는 원리입니다. 우리는 열원(영국에서는 불을 계속 태우기 위해 석탄을 사용했다)과 피스톤 내부에 포함된 공기(카르노가 연구한 것은 공기 기계였다)를 냉각시킬 수 있는 '응축기'가 필요합니다.

사디 카르노는 이상적인 열기관, 즉 마찰이나 열 손실이 없는 기계에 의해 생성된 일을 연구했습니다. 일정한 양의 일을 생산하는

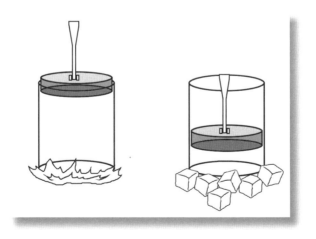

것 외에는 주변에 다른 변화를 일으키지 않고 사이클의 시작 부분으로 돌아갈 수 있는 기계. 카르노는 이 기계가 생산하는 일의 양이 열원과 냉각기 사이의 온도 차이에만 의존한다는 결론에 도달했습니다. 그는 열기관을 폭포에 비유했습니다. 낙하하는 물은 일을 하는 데 사용할 수 있습니다.

더 높은 온도에서 더 낮은 온도로 열이 '낙하'하는 것도 일을 만드는 데 사용할 수 있습니다. 더 정확히 말하자면, 카르노는 물뿐만 아니라 '열소' 물질의 낙하 또한 일을 만들어낼 수 있다고 주장했습니다. 물과 마찬가지로 열소도 보존되었습니다. 즉 뜨거운 물이 방출한 양은 차가운 물이 흡수한 양과 같습니다.

열이 더 높은 온도에서 더 낮은 온도로 '낙하하지' 않는다면
열기관으로 일을 만들어낼 수 없습니다.

이 문장은 '열역학 제2법칙'으로 역사에 기록될 것입니다.

첫 번째보다 먼저

카르노 기관(302페이지 참조)의 작동은 사디가 1824년에 자비로 단 600부만 출판한 유일한 논문인 「불의 원동력에 관한 고찰 Reflections on the motive power of fire」에 설명되어 있습니다. 말할 필요도 없이 그것을 읽은 사람은 거의 없습니다. 이 때문에 카르노의 연

구 내용은 열역학 제1법칙보다 약 20년 전에 발견되었음에도 '열역학 제2법칙'으로 역사에 기록되게 됩니다.

양조장 실험

제임스 프레스콧 줄James Prescott Joule은 1818년 12월 24일 영국 샐퍼드에서 태어났습니다. 그는 건강이 좋지 않은 소년이었기 때문에 친구들과 축구 경기를 하는 대신 기계식 게임을 발명하는 데 시간을 보냈고 이것은 서서히 실제 실험으로 발전해갔습니다. 제임스는 실험 도구를 집이나 아버지의 양조장에 보관해놓고 개인적으로 작업했지만, 그가 이룬 성과는 이내 학계로 퍼져나갔습니다.

편집자에게 보내는 편지

그래서 1845년에 제임스 프레스콧 줄은 〈철학 회보Philosophical Magazine〉 편집자에게 편지를 썼습니다.

여러분, 저는 이미 영국 협회 학회에서 이 논문의 내용을 설명했지만, 제가 얻은 결과를 믿지 않아서가 아니라 새롭고 더 정확한 측정을 할 수 있을 때까지 논문의 발표를 보류했습니다.

저의 실험은 일반적인 형태의 역학적 일과 열 사이에는 등가 관계가 있다는 것을 보여주었습니다.

"일반적인 형태의 역학적 일이란 무엇입니까?"

"좋습니다. 조금 더 단순한 용어로 표현해보겠습니다. 열은 물질을 구성하는 입자의 운동과 관련된 에너지의 한 형태입니다."

"당신은 아무것도 단순하게 만들지 않았습니다."

"알겠습니다. 비스 비바vis viva 또는 더 현대적인 용어로 운동 에너지가 무엇인지 기억하시나요? 그 에너지, 그러니까 질량이 m인 물체가 어떤 속도 v를 가지고 움직인다는 사실만으로 가지는 에너지가 무엇이었죠?"

"148페이지에서 물체의 질량과 속도의 제곱의 곱의 절반으로 정의된 것 말인가요?"

"정확합니다. $E_k = \frac{1}{2} \times m \times v^2$. 물질을 구성하는 모든 입자는 끊임없는 운동을 하고 있습니다. 기체와 액체에서 입자는 용기 안을 돌아다니며, 다른 입자와 충돌하거나 용기 벽에 부딪히면 방향과 속력이 바뀌지만 언제나 움직이고 있습니다. 고체에서는 조금 더 고정되어 있지만 평형 위치 주변에서 항상 진동하면서 요동칠 수 있습니다. 우리 눈에 보이지 않는 이 모든 미세한 운동이 다 함께 모여서 거시적 수준에서 물체의 온도로 관찰됩니다. 입자들이 더 빨리 움직일수록 우리가 측정하는 온도는 더 높아집니다."

"제가 왜 믿어야 하죠?"

잠시 멈춰보세요!

"벤저민 톰프슨이 대포 드릴링을 관찰하고 한 말을 기억하시나요? 우리는 금속에 움직임을 주기만 했을 뿐이지만 그런데도 뜨거워졌습니다. 따라서 열은 운동의 한 형태임이 틀림없습니다."

"맞아요. 그가 그렇게 말했죠."

"자, 그럼 제가 했던 실험을 따라와 보세요. 저는 물이 담긴 용기를 가져다가 다음 페이지의 그림과 같이 용기에 넣은 릴에 추를 매달았습니다. 추를 놓으면 날이 돌아가면서 그리고… 물 온도가 올라갔습니다. 저는 제가 얼마나 많은 역학적 일을 사용했는지 정확히 알고 있었습니다. 기억하세요. $W = m \times g \times h$입니다. 추의 질량 m, 추를 떨어뜨린 높이 h 그리고 중력 가속도 g를 알면 일을 계산하는 것은 어렵지 않습니다. 온도계로 추를 내리기 전후에 물의 온도를 측정했습니다. 몇 가지 실험을 한 결과 1칼로리에 해당하는 등

245

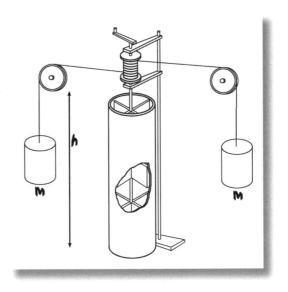

가역학적 에너지는 817파운드·피트라는 것을 발견했습니다. 여러분에게 더 익숙한 단위계를 사용하면 1칼로리 = 4.186뉴턴·미터입니다."

"칼로리가 무엇이지요?"

"물 1 g의 온도를 14.5°C에서 15.5°C로 올리는 데 필요한 열량입니다. 에너지와 일의 측정 단위는 제 이름을 따서 줄(J)이라고 불렀습니다."

1뉴턴 × 미터 = 1줄, 1칼로리 = 4.186줄

"축하합니다!"

"여기서 끝나지 않았습니다. 제가 말한 역학적 일과 열 사이의 등가 관계가 정확하다면, 이것은 51℃의 물 1파운드가 가지는 운동 에너지는 50℃의 물 1파운드에 817파운드의 무게가 수직으로 1피트 떨어지면서 얻는 운동 에너지를 더한 것과 같은 운동 에너지를 가지고 있다는 뜻이 됩니다. 결코 작은 일이 아닙니다. 물체에는 엄청난 양의 운동 에너지가 포함되어 있습니다."

"왜 그 말씀을 하시는 거죠?"

"음, 만약 절대 온도 0도가 물체 내 운동 에너지의 0에 해당한다면 60℃의 물 1파운드는 415,036파운드(거의 200,000 kg)의 물체가 수직으로 1피트 낙하했을 때와 같은 운동 에너지를 갖습니다."

"그게 많은가요?"

"이 돌을 머리 위로 들어보십시오. 그리고 말해보시죠."

"이것은 물체 내부에 엄청난 양의 '숨겨진' 에너지가 있고 우리는 그것을 온도의 형태로 '본다'는 것을 의미합니까?"

"맞습니다. 그리고 이것은 몇 가지 결과를 가져오는데 저는 여러분이 켈빈 경Lord Kelvin과 루돌프 클라우지우스Rudolf Clausius와 함께 그것들을 검토해보시기를 권합니다. 실례지만, 제 연구를 소개하기 위해 〈철학 회보〉 편집자에게 보내는 편지를 마저 써야겠습니다."

… 저는 남아 있습니다. 여러분,

존경을 담아서,

제임스 P. 줄

아마도 신사적이고 우아한 마무리 때문만은 아니었겠지만, 줄의 논문은 출판되었고, '열소'라는 단어는 물리학계에서 사라졌습니다.

대단한 물리학자!

물리학자가 텔레비전 쇼 진행자나 가수처럼 부자가 되고 유명해지기란 어려운 일이지만, 일명 켈빈 경으로 알려진 윌리엄 톰슨 William Thomson 은 그걸 해냈습니다.

1824년 벨파스트에서 글래스고 대학교의 저명한 수학 교수였던 제임스의 아들로 태어난 윌리엄은 10세 때 이미 아버지의 강의를 듣고 있었습니다. 케임브리지를 졸업한 후 파리로 건너가 소르본 대학에서 학업을 마친 후, 22세의 나이에 글래스고 대학의 교수가 되었습니다.

윌리엄은 역학, 전기, 자기, 열역학 등 당대 물리학의 모든 문제를 연구했습니다. 뛰어난 수학적 소양과 예리하고 활발한 두뇌를 가지고 있었을 뿐만 아니라 기계와 측정 기구 제작에 뛰어난 능력을 갖추고 있었습니다.

그는 이론물리학의 난제들을 풀어내면서 동시에 친구와 함께 설립한 회사를 통해 자신이 만든 기기를 직접 제조 판매함으로써 부자가 되었습니다.

31세까지 90편의 과학 논문을 발표했는데, 모두 대단히 중요한 논문이었습니다. 그리고 새로운 모험이 시작되었습니다. 그는 대서양 아래에 전신 케이블을 설치해 영국과 미국을 연결하기 위해 만들어진 회사인 대서양 전신 회사Atlantic Telegraph Company의 이사로 선출되었습니다. 이 정도 규모의 직무에서 그는 신호 전송에 관한 이론과 사용되는 재료의 물리적 특성과 기계적 특성 모두에 대해 충분한 전문성을 갖춘 유일한 사람이었습니다.

이 프로젝트는 세 번이나 실패했지만 1866년 네 번째 프로젝트는 성공적으로 완료되었습니다. 그 결과 구대륙과 신대륙 간에 전

신 메시지를 보낼 수 있었고 윌리엄은 귀족 작위를 받았습니다. 바로 켈빈 경입니다.

올라갈 사다리는 항상 있다

1847년 영국 과학진흥협회의 옥스퍼드 모임에서 한 겸손한 청년의 연설을 들었던 순간을 결코 잊을 수 없을 것입니다….

그 '겸손한 청년'은 모두에게 역학적 에너지와 열의 등가성을 보여준 줄이었습니다. 켈빈은 매우 흥미로웠던 강연이 끝난 뒤에 줄과 오랫동안 대화를 나누었고, 두 사람의 공동 연구는 온도의 절대 척도 확립으로 이어졌습니다.

보았다시피 사실 같은 양의 열을 공급한다고 해도 물체의 온도는 같은 방식으로 변하지 않습니다. 이것은 우리가 가열하는 물질과 물질의 양에 달려 있습니다. 요컨대 우리는 1도의 온도가 무엇인지 그리고 그것이 얼마나 큰지에 대한 엄밀하고, 모든 사람에게 동일한 정의가 필요했습니다.

켈빈은 줄과 같이 연구하면서 온도 1도의 값을 절대적인 방식으로 정의하는 것이 가능하다는 것을 깨달았습니다. 실제로 카르노 기관을 사용해 역학적 일을 만들어내면 그 일의 양은 열원의 온도와 냉각제 온도의 차이에만 의존합니다.

동일하고 고정된 역학적 일이 수행될 때, 보일러 온도와 냉각수 온도의 차이를 온도 단위로 정의할 수 있습니다. 이것은 우리가 사용하는 재료의 특성이나 기계에 의존하지 않기 때문에 절대 온도 척도라고 할 수 있습니다.

카르노 기관은 온도계로 사용될 수 있고 또 그래야 합니다. 실제에서는 보다 사용자 친화적인 기기의 눈금을 맞출 수 있는 원리와 방법을 정의하는 것이 중요합니다. 켈빈이 바로 이 일을 해냈습니다.
켈빈의 정의는 또한 온도에서 절대 영도의 존재를 예측했습니다.
실제로 기계에서 생성되는 일은 열원(A)과 냉매(B) 사이의 온도 차이 $T_A - T_B$에만 의존합니다.

$$W = T_A - T_B$$

열 엔진의 효율(η, 에타)은 다음과 같이 나타납니다.

$$\eta = \frac{T_A - T_B}{T_A}$$

그리고 시스템에 공급되어 일로 변환할 수 있는 에너지의 비율을 측정하기 때문에 정의상 1보다 클 수 없습니다. 계산해보면 T_B가 0보다 작을 수 없다는 것을 알 수 있습니다(303페이지 참조).

절대 영도는 매우 추워서 도달할 수 없을 정도로 차갑습니다. 0 K(켈빈, 절대 온도는 켈빈 온도로 측정된다)는 우리가 사용하는 섭씨 온도로는 −273.15°C에 해당합니다.

누가 옳은가?

당시 아직 켈빈 경이 되기를 꿈꾸지 않았던 윌리엄 톰슨은 파리에 머무는 동안 카르노의 책을 주의 깊게 연구했습니다. 그는 줄의 강의를 들으면서 열의 보존에 관해서는 카르노나 줄 둘 중 하나만 옳다는 것을 깨달았습니다. 이 문제는 해결되어야 했고, 그는 그것을 해결했지만 그전에 루돌프 클라우지우스가 독자적으로 몇 가지 흥미로운 결론에 도달했습니다.

어쨌거나 켈빈은 일생 동안 661편 이상의 논문을 발표했고 1907년에 늙고 부유하며 유명한 사람으로 세상을 떠났습니다.

열소의 사망 이후

루돌프 율리우스 엠마누엘 클라우지우스Rudolf Julius Emmanuel Clausius는 1822년 프로이센의 모슬린(지금의 폴란드)에서 태어나 베를린 대학교에서 수학과 물리학을 공부했습니다.

1850년에 열 이론에 관한 첫 번째이자 가장 중요한 연구를 발표했는데, 이 연구에서 그는 무엇보다도 우리가 미해결 상태로 남겨

둔 질문에 대한 답을 제시했습니다.

"줄이 옳다면 카르노는 틀렸을까요?"

"카르노가 틀린 것은 단 한 가지입니다. 열기관에 대한 그의 생각과 계산은 옳았습니다. 생성된 일은 열원의 온도 차이에만 의존합니다(그렇지 않았다면 켈빈은 절대 온도계를 만들 수 없었을 테죠). 높은 온도에서 낮은 온도로 열이 '떨어지지' 않으면 일이 일어나지 않는다는 그의 말은 옳지만… 열이 보존된다는 것은 사실이 아닙니다."

"열소가 죽었다고 말하지 않았나요? 그것은 더 이상 없습니다."

"물론입니다. 열은 물질의 내부 운동 에너지 때문입니다. 그것을 열이라고 부르건 非열소라고 부르건 같은 것입니다. 기계에 의해 생산되는 일은 사디가 말한 것처럼 단순히 뜨거운 열원에서 차가운 열원으로 열이 '떨어지는' 것이 아니라 흡수된 열의 일부를 '소비'함으로써 생산됩니다."

"어떻게, 어떻게요?"

"열기관의 기능을 설명하기 위해 사디 카르노는 폭포에서 떨어지는 물이 바퀴를 돌리는 것과 비교했습니다. 위에서 떨어지는 물의 양은 바퀴의 날을 통과해 바퀴를 돌린 후 모을 수 있는 양과 같습니다. 카르노는 이것이 열에도 일어난다고 믿었습니다. 뜨거운 열원이 내놓는 열의 양은 차가운 열원이 흡수하는 양과 같으며, 이 열이 기계를 통해 '통과'해야만 일이 생산된다고 믿었습니다."

"제가 보기에 그의 추론은 그렇게 잘못된 것 같지 않습니다."
"오히려 아직 실험으로 충분히 입증되지는 않았지만, 제 생각에는 기계를 통한 열 손실은 허용할 수 없는 게 아니라 오히려 그 가능성이 매우 크다고 말하는 게 더 정확합니다."

"왜 그렇죠?"

열과 운동

"열을 물질 입자의 운동 에너지로 보는 관점이 옳다면 열 교환과 관련된 문제에도 에너지 보존의 역학적 원리가 적용되어야 합니다. 이 경우 역학에서 운동은 일로 변환될 수 있으므로 열기관은 기

계에 포함된 기체 입자의 운동 일부를 일, 즉 기계 외부의 물체의 운동으로 변환할 수 있는 기계로 간주할 수 있습니다."

"물이 수레바퀴의 날을 통과할 때 속도가 느려지는 것은 수레바퀴에 운동 일부를 전달하기 때문이듯이, 내부 기체 입자가 '느려지는' 것은 기계가 입자의 운동을 외부 일로 변환하기 때문이라는 말씀이신가요?"

"제 말이 바로 그겁니다. 카르노 기관을 기억하십니까? 팽창 단계에서, 즉 기관이 일을 할 때 입자는 속도가 느려지고 에너지가 손실됩니다. 더군다나 냉각 단계에서는 더 많이 잃습니다. 그런 다음 보일러에 의해  가열되면 '재충전'됩니다. 그러나 초기 상태로 되돌아가려면 '재충전'은 입자가 잃은 에너지와 생성된 일의 합과 같아야 합니다."

$$Q = dU + W$$

"여기서 Q는 기계에 의해 흡수된 열, dU는 기계에 포함된 기체 입자의 내부 에너지 변화, W는 기계가 한 일을 나타냅니다."

첫 번째는 두 번째다

이 관계식은 '열역학 제1법칙'으로 역사에 기록되었습니다. 그것은 물리학에서 가장 중요한 원리이며 자연에서 일어나는 모든 변환에 적용됩니다. 무엇보다도 역학적 에너지와 열의 동등성 발견은

 실제 과정에서 역학적 에너지가 완전히 보존되지 않는 이유를 설명합니다. 마찰로 인해 일부가 열로 변환되어 물질 입자의 내부 에너지로 변환되고, 그것은 바로 마찰이 가해지는 부분의 가열로서 관찰됩니다.

따라서 에너지 보존 원리는 마찰이 있는 경우에도 고립된 시스템의 총 에너지가 보존된다는 보편적인 가치를 얻게 됩니다. 마찰 때문에 없어지는 것처럼 보였던 위치 에너지 또는 운동 에너지 일부는 대신 온도의 증가, 즉 물질을 구성하는 입자의 에너지로서 나타납니다.

마지막으로 열역학의 첫 번째 법칙이 "열기관에서는 열이 보존되는 것이 아니라 총 에너지가 보존된다"는 식으로 설명되면 두 번째 법칙을 다시 설명할 수 있습니다. "열기관은 서로 다른 온도를 가진 2개의 열원이 있는 경우에만 작동할 수 있다." 그리고 열기관의 효율은 두 열원의 온도 차이에만 의존합니다. 이는 여전히 유효합니다.

판타 레이

판타 레이Panta rei, 모든 것이 흐르고 모든 것이 움직인다. 이것은 기원전 500년경에 살았던 헤라클레이토스Heraclitus 사상의 '핵

심'이었던 오래된 문구입니다. 자연에서는 모든 것이 움직입니다.

1900년대의 문턱에 들어선 지금, 어느 정도는 확실히 그렇다고 말할 수 있습니다.

물체의 절대 온도가 평균 운동 에너지(즉 물체를 구성하는 입자 속도의 제곱)에 정비례한다면, 이 속도가 0인 물체는 절대 온도 0도에 있어야 합니다.

아직 우리는 원자핵 주위를 도는 전자는 말할 것도 없고 원자에 대해 아무것도 알지 못하지만, 절대 영도에서는 그들도 멈춰야 할 것입니다. 물질은 붕괴해 더 이상 존재하지 않을 것입니다.

따라서 모든 것이 움직이고 분자 운동의 증가(우리가 직접 관찰할 수 없는 미시적 수준에서 일어나는 것)는 물체의 온도 증가(거시적 현상, 우리가 직접 제어할 수 있다)로 이어집니다.

운동과 열

"클라우지우스, 우리는 그 어떤 운동도 열로 바꿀 수 있을까요?"
"예."

"그렇다면 그 반대도 가능해야 합니다. 어떤 열이든 운동으로 바꾸고 싶어요! 게다가 운동이 열이라는 이야기조차 잘 이해되지

않아요. 제가 공을 차면, 움직임을 주어서 공은 움직이지만, 온도가 올라가지는 않으니까요."

"맞습니다. 여기에 모든 것의 열쇠가 있습니다. 공을 차면 모든 분자가 같은 방향으로 움직이게 됩니다. 공을 차기 전에는 이미 공 안에서 무작위로 움직이고 있었지만(오른쪽으로 조금, 왼쪽으로 조금, 제자리에서 이리저리 흔들리면서…), 공을 차는 순간 모든 분자가 같은 방향으로 움직이도록 속도가 더해져 분자들이 함께 움직이기 시작합니다. 분자가 움직이는 것을 하나하나 볼 수는 없지만, 분자로 이루어진 공 전체가 그 방향으로 움직이고 있기 때문에 공이 움직이고 있다는 걸 알 수 있습니다. 당신은 분자들에게 질서정연한 운동을 제공한 것입니다. 이 운동은 언제든 원할 때 다시 일로 변환될 수 있습니다. 만약 공이 풍차의 날개에 부딪히면 날개가 회전할 것입니다."

"공의 운동이 풍차의 날개를 돌리는 일을 한 것이군요."

"맞습니다. 하지만 공이 거품 벽에 부딪혀 그 안에 박히면 어떻게 될까요?"

"일이 없나요?"

"일이 없을 뿐 아니라 공 주위의 거품을 만져보면 따뜻해진 것을 볼 수 있습니다! 무슨 일이 일어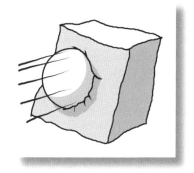
난 걸까요? 질서정연한 운동(모든
분자가 한 방향으로)은 무질서하고 무
작위적인 분자 운동으로 바뀌었고,
분자들이 더 이상 모두 같은 방향
을 가지지 않기 때문에 더 이상 공
이나 거품을 움직이게 하지 않고, '그 자리에서' 작고 빠른 움직임
으로 미친 듯이 요동치게 됩니다. 이것은 당신에게 보이지는 않지
만 실제로는 온도가 상승한 것입니다."

"그렇다면 그 운동이 일을 할 수 있는 가능성을 잃은 건가요?"

"물론입니다. 상황이 너무 무질서해졌기 때문에 잃어버린 것입니
다. 분자들이 무작위로 움직이지 않고 모두 같은 방향으로 움직이도
록 할 수 있다면 분자들의 움직임을 사용해 무언가를 할 수 있겠지만,
더는 그렇게 할 수 없습니다. 당신은 열을 다시 일로 바꿀 수 없습니
다. 공 안의 분자들의 속도를 모두 같은 방향으로 재배열할 가능성은
없습니다. 일단 무질서가 커지면 모든 것은 저절로 제자리로 돌아가
지 않습니다. 저는 우주에서 에너지의
총량은 일정하게 유지되고, 엔트로
피는 항상 증가한다고 생각합니다."

"엔트로… 뭐요?"

엔트로피

"당신이 이 단어를 모른다는 것은 명백합니다. 제가 방금(1865년) 발명한 것입니다. 엔트로피는 물체의 '변환 내용'이라고 할 수 있는데, 저는 물리학에서 중요한 단어는 고대 단어에서 파생되어야 한다고 생각했기 때문에 '변환'이라는 뜻을 가진 그리스어 troph(트로프)에서 엔트로피를 선택했습니다. 저는 이 단어가 마음에 들었습니다. 아름다운 단어인데다 제가 에너지와 매우 유사한 단어를 선택한 것도 우연이 아닙니다. 왜냐하면 그것들은 밀접하게 관련된 양이기 때문입니다. 엔트로피는 물리량이며 계산할 수 있습니다. 엔트로피는 하나의 과정에서 교환되는 열의 양과 열의 교환이 일어나는 온도를 알면 계산할 수 있습니다."

"그것을 왜 '변환 내용'이라고 하시나요?"
"계가 얼마나 많이 변형되었는지, 무질서가 얼마나 증가했는지 또는 원한다면 우리가 '소모'한 에너지의 양이 얼마인지를 알 수 있기 때문입니다."

"'소모'는 에너지가 소비된다는 의미인가요?"
"아닙니다. 어떤 과정이나 변환 중에도 에너지는 보존됩니다. 그러나 그중 일부분은 더 이상 일을 하는 데 사용할 수 없다는 의미에서 '소모'됩니다. 이 부분은 분자에 의해 '흡수'되어 분자의 '무질서'를 증가시키고 온도의 상승이라는 형태로 우리가 '볼' 수 있는 부분입니다."

"그렇다면 이런 일이 항상 일어나나요?"

"모든 실제 과정에서 일어 납니다. 커피 테이블 위를 굴 러가는 공을 예로 들어보겠 습니다. 처음에 공이 가지고 있던 에너지 일부는 마찰로

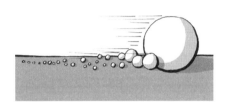

인해 '소모'되고 공 자체의 표면과 공이 지나는 테이블의 분자 에너 지를 증가시키는 데 사용됩니다. 분자 에너지의 증가는 평형 위치 주변의 평균 진동 속도의 증가, 즉 온도 증가로 나타납니다(두 물체 사이의 마찰이 매우 크면 손가락으로도 온도 증가를 느낄 수 있다). 이것은 무질서가 증가하는 것이고, 저의 아름다운 새 변수 엔트로피가 증 가하는 것입니다. 따라서 자연에서 일어나는 모든 변화에서 엔트로 피가 증가합니다."

"아마도 당신 시대에는 아직 존재하지 않았을지 모르지만 우리 집에는 음식과 음료를 식히는 냉장고가 있어서, 장담컨대 냉장고가 분자를 '느리게' 하고, 그것들에 질서를 주어… 엔트로피를 감소시 킵니다."

"그런 건 들어본 적이 없지만, 당신의 냉장고는 고립된 계가 아

니라고 장담할 수 있습니다."

"분명 고립계입니다. 닫힌 채로 있으면요. 외부로부터의 냉기를 받아들이지 않고 오히려 외부보다 내부가 더 차갑습니다."

"방 한가운데 있는 닫힌 상자가 저절로 차가워질 수 있다고요? 저는 못 믿겠네요!"

"음, 그건 방 한가운데 있지는 않고 벽에 가까이 붙어 있습니다. 모터가 작동하려면 콘센트에 꽂아야 하기 때문이죠."

"휴, 다행히도 제 이론을 모두 버릴 필요가 없겠군요. 저 또한 엔진이 일정량의 일을 수행하면 냉각이 가능한 기계가 발명될 수 있다고 확신합니다. 냉장고 내부의 엔트로피는 분명히 감소하지만 냉장고, 모터, 전기와 전기를 생산하는 발전기로 이루어진 전체 계의 모든 엔트로피를 계산해야 합니다. 당신이 제대로 계산한다면 엔트로피는 증가할 거라고 장담합니다."

**모든 고립계(우주도 고립계로 간주할 수 있다)의
총 엔트로피는 항상 증가한다.**

이것은 열역학 제2법칙을 설명하는 또 다른 방법입니다. 그리고 이 원리는 우리에게 매우 중요한 사실을 알려줍니다. 비록 물리 법칙은 '가역적'이지만 실제 우주는 항상 시간의 화살, 매우 정확한 화살을 따릅니다. 모든 변환은 엔트로피가 증가하는 방향으로 일어납니다. 하지만 이제 맥스웰과 이야기해야 합니다.

"전자기 방정식을 만든 그 사람 말인가요?"

"맞습니다. 그는 평생 많은 일을 했습니다. 하지만 당신은 이미 그를 만났었기 때문에 당신에게 볼츠만을 소개하겠습니다. 볼츠만이 자신과 맥스웰의 연구에 대해 조금 이야기해줄 것입니다."

노화는 물리적 문제

루트비히 볼츠만Ludwig Boltzmann은 1844년 비엔나에서 태어났습니다. 그는 졸업한 지 3년 만에 교수가 되었고 유럽 전역을 돌아다니기 시작했습니다. 그라츠에서 교편을 잡았고 독일로 가서 하이델베르크와 베를린에서 한동안 지냈습니다. 그런 다음 비엔나로 갔다가 다시 그라츠로 돌아갔습니다. 그런 다음 뮌헨으로 이사했다가 다시 비엔나로 이사했고 라이프치히로 갔다가 마침내 비엔나로 돌아왔습니다. 그러나 그는 자신이 죽을 장

소로 트리에스테 근처의 두이노를 선택했고 그곳에서 1906년 9월 5일 스스로 목숨을 끊었습니다. 그는 맥스웰에 대해 대단한 존경심을 가지고 있었습니다. 자신의 우상이 만든 방정식을 독일어로 설명하기 위해 전자기학 책을 쓸 때, 위대한 시인 괴테의 "이 기호를 쓴 사람은 아마도 신인가?"라는 말을 인용하면서 책을 시작할 정도였습니다. 그런데도 맥스웰은 그에 대해 다음과 같이 썼습니다. "나는 볼츠만을 연구했지만 그를 이해할 수 없었다."

"클라우지우스는 물리 법칙이 '가역적'이라고 말했는데, 그게 무슨 뜻일까요?"

"물리 법칙은 '반전'할 수 있지만(어떤 원인으로 인해 물체가 특정 방향으로 움직인다면 그 원인을 '반전'하면 물체가 왔던 경로를 따라 되돌아간다는 의미에서), 우리의 삶은 실제로 그렇게 할 수 없는 것 같습니다."

"왜죠? 우리가 자연의 일부라면 왜 자연을 지배하는 법칙을 따르지 않을까요?"

물건들은 스스로 정돈되지 않는다

아마도 우리는 문제를 좀 더 자세히 살펴볼 필요가 있습니다. 우리가 유리잔을 치면 깨지겠죠. 반대쪽을 친다고 해서 저절로 붙지 않는 것은 분명합니다. 자연도 항상 되돌아오는 것은 아닙니다. 그러나 우리가 유리에서 떨어져 나온 모든 조각의 운동 방정식을 쓴다면, 그것을 떨어져 나오게 한 것과 같은 크기의 반대 방향의 힘을 가하면 이 조각은 이동한 경로를 따라 쉽게 되돌아갈 수 있습니다.

"물론 사실 우리는 언제든지 조각들을 다시 모아서 접착제로 붙일 수 있습니다. 그래요. 유리잔이 맞춰진 것처럼 보이지만 그것들이 올바른 위치로 정확히 다시 합쳐진 것은 아닙니다."

"그건 사실입니다. 하지만 유리 조각의 모든 원자나 분자를 가져다가 경로를 거꾸로 따라가 다시 붙일 수 있다면 접착제가 필요 없을 것입니다. 분자가 한 지점에서 다른 지점으로 이동할 수 있고, 같은 방식으로 되돌아갈 수 있다면 원칙적으로 이것은 가능합니다."

"네. 하지만 원자가 너무 많아서 모두 다시 모으려면 무한한 인내가 필요하겠군요."

"여기서 문제는 정말 인내심입니다."

"뭐라고요?"

안 하는 것보다 늦는 것이 낫다

가운데가 벽으로 나뉘어 있는 투명한 용기를 예로 들어보겠습니다. 이제 왼쪽에는 분자가 매우 빠르게 움직이는 매우 뜨거운 기체를, 오른쪽에는 분자가 느리게 움직이는 차가운 기체를 넣습니다. 이제 칸막이벽을 제거해봅시다. 어떻게 될까요?

"쉽죠. 두 기체가 천천히 섞여 결국 미지근한 하나의 기체가 될 것입니다."

"확실해요?"

"그렇게 되지 않을 거라고 말하지 마세요!"

"사실 그게 맞지만, 현상을 좀 더 자세히 설명해보세요."

"쉽게 설명하기 위해 빠른 분자는 빨간색, 느린 분자는 노란색이라고 생각하죠. 두 기체의 분자는 사방으로 움직이면서 칸막이가 있으면 그곳에 도착한 분자는 부딪혀서 되돌아갑니다. 그러나 칸막이를 제거하면 분자들은 계속 이동해 '반대편'의 공간으로 들어갑니다. 빨간색과 노란색 모두 용기 전체에서 자유롭게 움직이기 시작하므로 두 가스가 혼합되고 우리가 볼 때 모든 것이 주황색으로, 즉 모든 것이 미지근해진 것으로 보입니다."

"좋은 설명입니다. 하지만 오른쪽에서 왼쪽으로 이동한 모든 분자는 다른 분자나 벽에 부딪혀서 왼쪽에서 오른쪽으로, 원래 있던 쪽으로 돌아올 수도 있습니다."

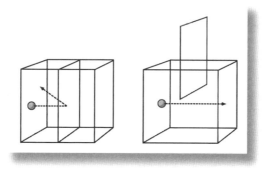

"그렇죠."

"그럼 오른쪽으로 갔던 분자는 모두 왼쪽으로, 왼쪽으로 갔던 분자는 모두 오른쪽으로 다시 돌아올 수 있는 거죠?"

"음, 그래요… 맞습니다."

"조금만 인내심을 갖고 기다리면 얼마 후 모든 빨간색 기체는 왼쪽으로, 모든 노란색 기체는 오른쪽으로 돌아가서 초기 상

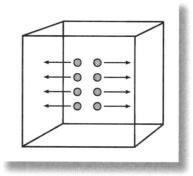

황으로 돌아갈 수 있겠죠? 안 그렇습니까?"

"제 생각에 그건 아닌 것 같습니다. 일단 혼합되고 나면 분자들은 혼합된 상태를 유지하니까 기체가 주황색을 유지할 것 같습니다."

"사실 그것은 열역학에 의하면 금지된 잘못된 생각입니다. 만약 그런 일이 일어난다면 엔트로피가 감소할 것입니다. 아무 일도 하지 않고도 질서가 저절로 회복될 것입니다. 그러나 역학 방정식을 모든 분자에 하나씩 적용하면 그런 일이 일어날 수도 있습니다."

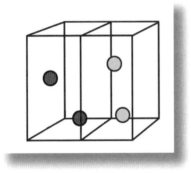

"누가 장담할 수 있을까요?"

"제가 역학 방정식을 적용할 수 있는 예를 떠올릴 수 있다는 사실이죠. 왼쪽에 2개의 빨간색 분자로만 구성된 기체와 오른쪽에 2개의 노란색 분자로 구성된 기체가 있다면 어떤 일이 일어날까요?"

통계

"물론 자유로이 움직이는 2개의 빨간색 분자가 모두 자기 쪽으로 돌아가고 2개의 노란색 분자는 맞은편으로 돌아가는 순간을 기다리는 데 큰 인내심이 필요하지는 않을 것입니다. 열역학은 입자의 수가 매우 많으면 더 이상은 역학 방정식으로 추론할 수 없으며 통계를 사용해야 한다고 가르쳐줍니다."

"통계가 무엇인가요?"

"개체의 수가 아주, 아주 많을 때 더는 단일 개체의 단일 거동을 다루지 않고 어떤 양의 평균값을 연구하는 수학적 방법입니다. 예를 들어 분자의 평균 운동 에너지는 우리에게 온도의 척도를 제공합니다. 그러나 한 분자가 매우 빠르고 한 분자는 매우 느린 경우 우리는 운동 에너지의 평균에만 관심이 있습니다."

"통계는 어떻게 이야기하나요? 두 기체가 다시 나누어질까요?"

"질문으로 답해드리겠습니다. 아주 오랜 시간이 지난 후에도 한 면에는 모든 빨간 공이 있고 다른 면에는 노란 공이 있을 확률이 얼마나 된다고 생각합니까?"

"음, 확률이 매우 낮겠지요. 거의 0이라고 말하겠습니다."

"정확히 말해서 공의 수가 많으면 많을수록 다시 나눠질 확률은 줄어듭니다."

"정확히 말해서 당신이 옳다고 하고 싶은데…"

"음, 당신은 답을 찾았습니다."

"저를 놀리시는 건가요? 당신에게는 그게 과학자의 대답처럼 들립니까? 일어납니까, 안 일어납니까?"

"이렇게 많은 수의 원자나 분자가 관련되면 우리가 생각하는 방식이 바뀌어야 합니다. 우리는 물질 1 g당 10^{23}개의 분자(100,000,000,000,000,000,000,000개의 분자) 같은 엄청난 수를 다루고 있습니다. 각각의 분자를 추적하는 대신 통계적 추론을 수행해야 할 것 같습니다. 안 그렇습니까? 유일한 방법은 분자의 특정 배열이 발생할 가능성이 얼마나 되는지 이해하려고 노력하는 것이고, 실제로 유일한 방법은 오직 가장 가능성이 큰 배열만 발생할 거라고 말하는 것입니다. 기체는 모두 섞인 상태로 유지될 가능성이 훨씬, 훨씬, 훨씬 더 높습니다. 일단 무질서가 커지면 모든 것이 제자리로 되돌아가지 않을 가능성이 훨씬, 훨씬, 훨씬 더 높습니다."

"정돈된 배열보다는 무질서한 배열이 더 일어나기 쉽다는 말씀이신가요?"

엉망진창이야!

"절대로 아닙니다. 최초의 배열은 단 하나(한쪽에는 한 가지 기체, 다른 쪽에는 다른 한 가지 기체가 있는 경우)인 반면, 기체가 무질서하게 보이는(즉 혼합된) 배열은 많이 있고 그것들은 모두 동등합니다. 이 말을 더 잘 이해하기 위해 예를 들어보죠. 주사위 2개를 굴려봅시다. 주사위를 던져 합이 12가 될 확률이 더 높을까요, 아니면 7이 될 확률이 더 높을까요? 12를 얻기 위해서는 단 하나의 가능성, 즉 6+6 배열(각 주사위 눈이 6)만 있습니다. 대신 1+6, 2+5, 3+4, 4+3, 5+2 및 6+1의 배열에서 모두 합계 7을 얻습니다. 합계 7은 6개의 서로 다른 미시적 배열로부터 동일한 거시적 상태(7)를 얻기 때문에 엔트로피가 더 높습니다. 사실 저는 이러한 추론에 따라 동일한 거시적 배열에 해당하는 미시적 배열의 수를 세어 엔트로피를 계산할 수 있음을 입증했습니다. 이러한 이유로 기체가 혼합된 상태로 남아 있을 확률이 더 높은 것입니다. 한쪽에 모든 빠른 분자가 있고 다른 쪽에 모든 느린 분자가 있는 것은 하나의 배열인 데 반해, 혼합 기체에는 수많은 서로 동등한 배열이 있기 때문입니다. 혼합 기체는 훨씬 더 큰 엔트로피를 가지며 점점 더 혼합될수록 더 커지는 경향이 있습니다."

"원자를 어떻게 보고 셀 수 있나요?"

"저는 마치 원자가 존재하는 것처럼 수학적 계산을 했을 뿐입니다. 그러나 원자는 아무도 본 적이 없고 그것이 존재하는지조차 모릅니다. 지금으로서 원자의 존재는 흥미롭고 매혹적이며 지금까지 우리가 이야기한 모든 것을 설명할 수 있는 하나의 가설일 뿐입니다. 아직 누구도 물질의 내부 구조에 대해서는 아무것도 모릅니다."

"당신은 원자의 존재를 믿습니까?"

"네. 저는 원자 가설을 믿지만 많은 사람이 저를 비판합니다."

"왜요? 지금까지 관찰된 현상을 원자 가설로 설명할 수 있다고 방금 말씀하지 않았나요?"

"이론에서 예측한 물리적 변숫값이 실험에서 측정한 값과 잘 일치하는지 확인하기 위해 많은 계산을 했습니다. 통계학을 사용해 평균 분자 속도와 충돌 사이의 평균 경로 길이로부터 기체의 온도와 압력을 계산했습니다. 이러한 변수의 값은 실험 데이터와 잘 맞지만 한 가지 문제가 남아 있습니다. 기체의 비열을 계산할 수 없다는 것입니다. 방법이 없습니다. 실험값이 이론값과 너무 다르기 때문이죠."

"별로 큰 문제는 아닌 것 같은데…. 걱정하지 마세요. 곧 해결되겠죠."

"그럴 거예요! 원자 가설을 쓰레기통에 버릴 필요가 없기를 바랄 뿐입니다."

끝으로, 세 가지 문제

아직 말을 타고 우편물을 배달하던 시절에 이 책에 들어갔고, 책상에 앉아 미국인과 즐겁게 대화를 나누던 영국 전신기사가 나오는 장면에서 우리는 이 책을 떠납니다. 400년이 채 지나지 않았습니다.

역학, 광학, 전자기학, 열역학은 통제하에 있습니다. 빠진 것은 무엇일까요? 아무것도요. 모든 것은 이해되었습니다. 방정식을 세워서 풀고, 이론이 예측하는 대로 작동하는 기계와 전기 기구를 만들었습니다. 그렇다면 이론은 작동하는 겁니다. 사소한 마무리만 남았습니다. 특히 세 가지 문제가 있습니다.

첫째,

전자기파가 전파하려면 매질이 필요합니다. 바다에 파도가 존재하려면 물이 있어야 합니다. 물이 없다면 파도도 없습니다.

전자기파는 공기 중에 전파되지만 태양으로부터 공기가 없는 곳을 지나서 오는 전자기파는 어떤가요? 모든 공간에 스며 있는 우리가 아직 모르는 어떤 물질이 있을까요?

둘째…

물체가 가열되면 백열광을 냅니다. 그것은 복사선을 방출하면 뜨겁고 밝게 보입니다. 그것은 전자기파의 형태로 열과 빛을 방출합니다. 이론적 계산은 현실에서는 전혀 볼 수 없는 방출량을 예측합니다. 이 계산에는 어떤 문제가 있을까요?

··· 그리고 셋째

마지막 문제는 방금 볼츠만과 논의한 것입니다. 비열에 대한 이론적 계산이 측정된 실험값과 일치하지 않는다는 것입니다. 다시 한 번 여기에는 아무도 찾지 못한 오류가 있을 것입니다.

루트비히 볼츠만은 이러한 문제의 중요성과 어려움을 이해했지만, 그 문제들을 해결하기에는 아직 너무 일렀습니다. 그는 아마도 불과 몇 달 전에 알베르트 아인슈타인이 발표한 세 편의 논문을 읽을 시간이 없었을 것입니다. 원자의 존재에 대한 필수적인 증거를 추가하고, 상대성 이론의 토대를 마련하고, 양자물리학의 문을 열어줌으로써 이 세 가지 문제를 해결해주었을 그 논문들 말입니다.

부록

타원이란 무엇인가

타원은 옆의 그림에서 볼 수 있듯이 원뿔을 자르면 얻을 수 있는 도형입니다. 이제 두 점 A와 B를 선택하고 세 번째 점 C를 표시합니다. A와 C 사이의 거리를 a라고 하고 B와 C 사이의 거리를 b라고 합니다. 초점 A와 B로부터 C까지의 거리의 합 $(a + b)$을 $d(d = a + b)$라고 부릅니다.

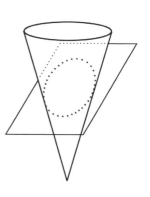

초점에서 점 C까지의 거리의 합(d)은 초점 B에서 초점 A까지의 거리 h보다 커야 합니다. 평면에서 A와 B로부터의 거리의 합이 같은 모든 점을 모으면 타원을 그릴 수 있습니다.

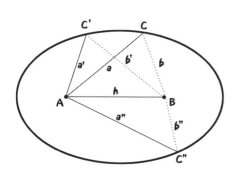

점 C'의 경우 $a' + b' = d$, 점 C"의 경우 $a'' + b'' = d$ 등이

됩니다. 그림은 말한 내용을 보여줍니다. 이를 위해 2개의 핀과 끈을 사용해 타원을 그릴 수 있습니다(64페이지 참조). 끈의 길이는 변하지 않습니다.

케플러의 세 가지 법칙

1. 모든 행성은 태양이 초점 중 하나를 차지하는 타원 궤도를 따라 움직인다.
2. 행성 궤도의 벡터 선은 동일한 시간 동안 동일한 면적을 그린다.
3. $\left(\dfrac{T_1}{T_2}\right)^2 = \left(\dfrac{d_1}{d_2}\right)^3$

이 관계는 두 행성이 태양 주위를 공전하는 주기(T)의 비를 제곱한 값이 태양으로부터의 평균 거리(d) 비의 세제곱과 같다는 것을 나타냅니다. 공전 주기는 행성이 태양 주위를 한 바퀴 도는 데 걸리는 시간입니다.

데카르트 평면에 다른 직선 그리기

일반적인 직선의 방정식을 다시 써봅시다.

$$y = a \times x + b$$

값 $a = 0$과 $b = 3$을 택하면, 방정식은 다음과 같습니다.

$$y = 0 \times x + 3$$

점들을 계산해봅시다.

$x = 0$ $y = 0 \times 0 + 3$ $y = 0 + 3$ $y = 3$

$x = 1$ $y = 0 \times 1 + 3$ $y = 0 + 3$ $y = 3$

$x = 2$ $y = 0 \times 2 + 3$ $y = 0 + 3$ $y = 3$

x에 어떤 값을 부여하든 y는 항상 3과 같습니다.
이전과 같이 점들을 그려봅시다.

$x = 0$ $y = 3$

$x = 1$ $y = 3$

$x = 2$ $y = 3$

그것은 x축에 평행한 직선입니다.

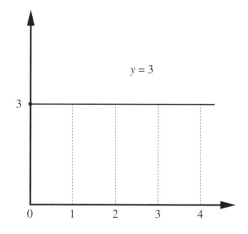

y축에 평행한 선을 그리려면 다음과 같은 방정식을 사용할 수 있습니다.

$$x = 0 \times y + 5$$

여러 y 값들을 선택해 점들을 계산합니다.

$y = 0$	$x = 0 \times 0 + 5$	$x = 0 + 5$	$x = 5$
$y = 1$	$x = 0 \times 1 + 5$	$x = 0 + 5$	$x = 5$
$y = 2$	$x = 0 \times 2 + 5$	$x = 0 + 5$	$x = 5$

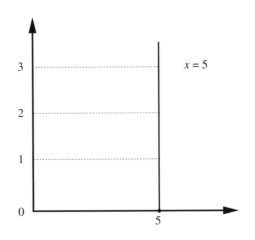

두 점을 지나는 직선 찾기

두 점을 통과하는 직선의 방정식을 찾고자 합니다.

점 1: $x = 0;\ \ y = 3$

점 2: $x = 1;\ \ y = 6$

우리는 모든 직선과 마찬가지로 방정식의 형태가 다음과 같다는 것을 알고 있습니다.

$$y = a \times x + b$$

그러나 이번에는 a와 b를 모르지만 x와 y의 값은 알고 있습니다. 그것들을 방정식에 대입해 a와 b를 구할 수 있습니다. 첫 번째 점을 대입합니다.

$$3 = a \times 0 + b; \quad 3 = 0 + b; \quad 3 = b$$

b의 값을 알았으므로, 이제 두 번째 점과 b를 대입해보겠습니다.

$$6 = a \times 1 + 3; \quad 6 = a + 3; \quad 6 - 3 = a; \quad 3 = a$$

우리는 $a = 3$까지 얻었습니다. 그러면 우리의 직선은 다음과 같습니다.

$$y = 3 \times x + 3$$

확실하게 하려면 이제 이것을 그려 실제로 점들을 제대로 지나가는지 확인할 수 있습니다.

동전의 낙하 속도

동전을 지구 쪽으로 끌어당기는 힘은 다음과 같습니다.

$$F = G \times \frac{M \times m}{r^2} \qquad (1)$$

여기서 r은 지구 중심에서 동전까지의 거리, M은 지구의 질량, m은 동전의 질량입니다. 동전에 가해지는 이 힘은 가속도를 발생시킵니다(뉴턴의 제2법칙).

$$a = \frac{F}{m}$$

따라서 방정식 (1)을 F에 대입하면 다음과 같은 식이 나옵니다.

$$a = G \times \frac{M \times \cancel{m}}{r^2} \times \frac{1}{\cancel{m}} \quad ; \quad a = G \times \frac{M}{r^2}$$

보시다시피 동전의 질량은 방정식에서 사라졌으므로 가속도는 지구의 질량과 지구 중심으로부터 동전까지의 거리에만 의존합니다.

왜 동전과 지구 표면 사이의 거리가 아니라 동전과 지구 중심 사이의 거리를 사용했을까요? 왜냐하면 뉴턴이 물체는 마치 모든 질량이 중심에 있는 것처럼 서로를 끌어당긴다는 사실을 (매우 복잡한 계산을 통해) 증명했기 때문입니다. 동전과 지구 중심 사이의 거리는 지구의 반지름과 거의 같으므로 동전이 지구를 향해 자유낙하하는 가속도를 계산할 수 있습니다.

$$a = G \times \frac{M}{r^2} = 6.67 \times 10^{-11} \frac{5.97 \times 10^{24}}{(6.37 \times 10^6)^2} = 9.8 \ \text{m/s}^2$$

이 가속도는 동전의 질량을 사용하지 않고 계산한 것이기 때문에 질량과 관계없이 모든 물체에 유효합니다.

새로운 수학

뉴턴과 라이프니츠의 가장 큰 공적은 끊임없이 변화하는 양을 계산하기 위해서는 곡선의 접선을 계산할 수 있어야 한다는 점을 이해했다는 것입니다. 왜 그런지, 그리고 그것이 무엇을 뜻하는지 살펴봅시다.

우리는 자전거를 타고 일정한 속도로 가고 있습니다. 10 m를 가는 데 1초가 걸렸습니다. 우리는 얼마나 빨리 갔을까요? 우리는 초속 10 m(10 m/s)의 속도로 이동했습니다. 속도가 일정하다면 다음과 같이 정의할 수 있습니다.

$$v = \frac{s}{t}$$

우리는 이동한 거리를 그 거리를 가는 데 걸린 시간으로 나눈 값으로 속도를 정의합니다. 이 정의가 맞는지 봅시다.

속도가 일정하고 1초 동안 10 m를 이동했다면 2초 동안 몇 m를 이동했을까요? 당연히 20 m(첫 1초 동안 10 m, 두 번째 1초 동안 10 m)입니다. 우리는 얼마나 빨리 움직였습니까?

$$v = \frac{s}{t} = \frac{2\,m}{2\,s} = 10 \text{ m/s}$$

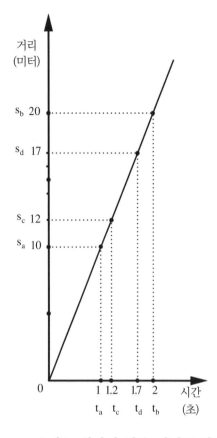

언제나 초당 10 m입니다. 맞습니다. 속도가 일정해야 한다고 말했습니다. 이제 속도가 일정하고 10 m/s와 같을 때 우리가 지나는 거리를 시간에 따른 함수로 나타낸 그래프를 그려보겠습니다. 속도에 대한 정의가 맞는다면, 이동한 거리를 이동하는 데 걸린 시간으로 나누면 항상 10 m/s와 같다는 것을 의미합니다. 그래프에 표시된 점 s_a와 s_b 사이에서 이동한 거리를 살펴봅시다.

우리는 얼마나 많은 거리를 갔을까요?(Δs는 이동 거리, 즉 $s_{나중} - s_{처음}$을 의미한다.)

$$\Delta s = s_b - s_a = 20 - 10 = 10\,m$$

이 거리를 가는 데 시간은 얼마나 걸렸습니까?

$$\Delta t = t_b - t_a = 2 - 1 = 1초$$

그러면 우리의 속도는 얼마인가요?

$$v = \frac{\Delta s}{\Delta t} = \frac{10}{1} = 10 \text{ m/s}$$

지금은 작동하지만 아직 믿을 수 없습니다. 더 짧은 거리로 다시 계산해봅시다.

$$\Delta s = s_{\text{d}} - s_{\text{c}} = 17 - 12 = 5 \text{ m}$$

이 거리를 이동하는 데 얼마나 걸렸을까요?

$$\Delta t = t_{\text{d}} - t_{\text{c}} = 1.7 - 1.2 = 0.5\text{초}$$
$$v = \frac{\Delta s}{\Delta t} = \frac{5}{0.5} = 10 \text{ m/s}$$

속도는 항상 동일하게 유지됩니다. 이동 거리를 반으로 줄일 수 있지만 이동하는 데 걸리는 시간도 반으로 줄어듭니다. 우리는 거리를 10배 더 작게 할 수 있고, 그러면 걸리는 시간도 10배 더 작아질 것이므로 거리를 시간으로 나눈 값을 계산하면 언제나 10 m/s가 됩니다.

따라서 우리는 매우 작은 거리를 잡아서 그 거리를 지나는 데 걸리는 매우 짧은 시간으로 나눌 수 있고 여전히 10 m/s라는 동일한 결과를 얻습니다. 하지만 이 거리와 시간을 얼마나 작게 할 수 있을까요? 우리가 원하는 만큼 얼마든지 작게 잡아도 비율은 항상 10 m/s로 유지됩니다.

그러나 우리가 너무 작아서 0과 같아지는 거리를 취한다면 어떻게 될까요? 시간도 너무 작아져서 0이 될 것입니다.

물론 다음과 같이 쓸 수는 없습니다.

$$v = \frac{\Delta s}{\Delta t} = \frac{0}{0}$$

숫자를 0으로 나눌 수는 없으니까요!

이건 사실입니다. 할 수 없습니다. 그러나 뉴턴은 거리와 그 거리를 이동하는 데 걸리는 시간을 계속해서 줄이고 줄여서 둘 다 0과 같아지기 '한순간 전'까지 줄인다면, 그들의 비율은 $10 \, \text{m/s}$가 된다고 말합니다. 그렇다면 그것은 둘 다 0이 되는 극한에서도 언제나 $10 \, \text{m/s}$일 것이라고 말할 수 있습니다.

속도가 일정하다면 우리는 속도를 계산하는 방법에 대한 문제를 해결한 것입니다.

$$v = \frac{\Delta s}{\Delta t}$$

데카르트 그래프는 우리가 방금 한 것처럼 이동한 거리를 그 거리를 가는 데 걸린 시간의 함수로 그리는 데 유용합니다.

시간과 거리를 0부터 계산하기 시작하면, 즉 $t_{처음} = 0$초이고 $s_{처음} = 0 \, \text{m}$라면

$$\Delta s = s - s_{처음} = s - 0 = s,$$
$$\Delta t = t - t_{처음} = t - 0 = t,$$

따라서 $v = \frac{s}{t}$입니다.

등호의 우변과 좌변에 t를 곱하고 단순화합니다.

$$v \times t = \frac{s}{\cancel{t}} \times \cancel{t}$$

$$s = v \times t$$

하지만 이것을 보세요. 만약 v가 상수라면(그래서 절대 변하지 않는 숫자로 쓸 수 있다면), 우리가 직선의 방정식을 얻는 것처럼 보이지 않습니까? x축에는 시간을, y축에는 이동한 거리를 표시합니다. 자전거가 더 빨리 움직일수록 직선은 수직에 더 가까워지게 됩니다.

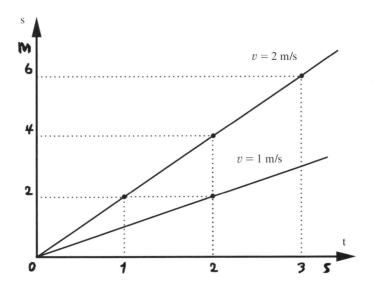

속도가 이제 더 이상 일정하지 않고 변화하는 경우, 예를 들어 자유낙하 운동에서와 같이 항상 증가하는 경우는 어떻게 될까요? 갈릴레오의 방정식을 들어봅시다.

$$\frac{s_2}{s_1} = \left(\frac{t_2}{t_1}\right)^2$$

우리는 자유낙하하는 물체가 1초 후 5 m를 이동한 것을 보았습니다. 그러면 다음과 같이 쓸 수 있습니다.

$$\frac{s_2}{5\,\mathrm{m}} = \left(\frac{t_2}{1\,s}\right)^2 \quad ; \quad s_2 = (5\,\mathrm{m}\,/\,1\,s)^2 \times t_2{}^2$$

t_2는 우리가 선택한 어떤 특정한 시간으로 거기서 물체가 이동한 거리 s_2를 측정합니다. 사실 t_2는 어떤 시간이든 될 수 있으므로 편의를 위해 아래첨자 2는 없애겠습니다. 중요한 점은 거리(여기서도 아래첨자 2를 없앤다)가 해당 시간과 정확히 대응된다는 것입니다. 또한 m/s^2(제곱초당 미터)도 없애겠습니다. 이것은 거리를 m(예를 들어 km가 아니라)로, 시간을 초(분이나 시간이 아니라)로 측정함을 나타내는 데 쓰입니다.

$$s = 5 \times t^2$$

이전과 마찬가지로 데카르트 그래프를 사용해 시간 경과에 따른 거리의 함수를 그립니다. 점들을 계산해봅시다.

$$t_0 = 0 \qquad s_0 = 5 \times t_0{}^2 = 5 \times 0^2 = 5 \times 0 = 0$$

$$t_1 = 1 \qquad s_1 = 5 \times t_1{}^2 = 5 \times 1^2 = 5 \times 1 = 5$$

$$t_2 = 2 \qquad s_2 = 5 \times t_2{}^2 = 5 \times 2^2 = 5 \times 4 = 20$$

$$t_3 = 3 \qquad s_3 = 5 \times t_3{}^2 = 5 \times 3^2 = 5 \times 9 = 45$$

$$t_4 = 4 \qquad s_4 = 5 \times t_4{}^2 = 5 \times 4^2 = 5 \times 16 = 80$$

그래프에 점들의 쌍을 그립니다.

$$t_0 = 0 \qquad s_0 = 0$$
$$t_1 = 1 \qquad s_1 = 5$$
$$t_2 = 2 \qquad s_2 = 20$$
$$t_3 = 3 \qquad s_3 = 45$$
$$t_4 = 4 \qquad s_4 = 80$$

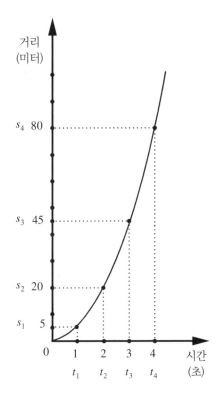

이 수치들은 직선을 이루지 않습니다. 수학자들은 이것을 '포물선'이라고 부릅니다. 이제 속도의 정의를 곡선 간격에 적용해보겠습니다. 예를 들어 t_3와 t_4 사이에 어떤 일이 일어나는지 살펴봅시다.

$$\Delta t = t_4 - t_3 = 4 - 3 = 1$$
$$\Delta s = s_4 - s_3 = 80 - 45 = 35$$
$$v = \frac{\Delta s}{\Delta t} = \frac{35}{1} = 35$$

이 시간 간격에서 속도가 일정하다면 35 m/s와 같다고 할 수 있습니다. 실제로 보셨듯이 만약 속도가 일정하다면 이동 거리를 시간의 함수로 그렸을 때 직선이 되고 속도는 직선의 기울기로 나타납니다. 그러나 그림에서 보듯이 t_3와 t_4 사이에 우리 개체가 지나간

287

거리는 직선으로 나타낼 수 없고, 점 3과 4에서만 직선과 교차하는 아래로 '볼록한' 포물선의 한 부분으로 나타납니다(앞 페이지 그림 참조).

이제 이전의 절반인 더 작은 간격을 취해 다시 계산해봅시다.

$$\Delta t = t_b - t_a = 3.75 - 3.25 = 0.5$$
$$\Delta s = s_b - s_a = 70.3 - 52.8 = 17.5$$
$$v = \frac{\Delta s}{\Delta t} = \frac{17.5}{0.5} = 35$$

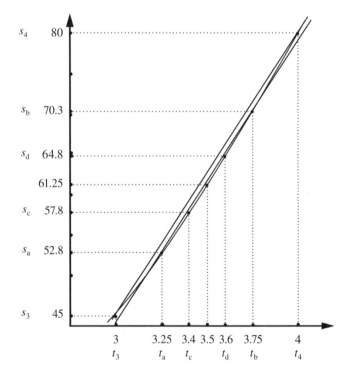

보세요! 더 작은 간격을 취해도 속도는 변하지 않습니다. 그림에서 볼 수 있듯이 우리의 선은 이전 선과 평행하기 때문에 동일한 기울기를 가집니다. 포물선에 '더 가깝고' 점들 사이의 간격이 덜 멀고 포물선의 '볼록한 부분'이 줄어들었습니다. 더 작은 간격을 취해봅시다. 그리고 관심 있는 지점의 주변을 확대해보겠습니다.

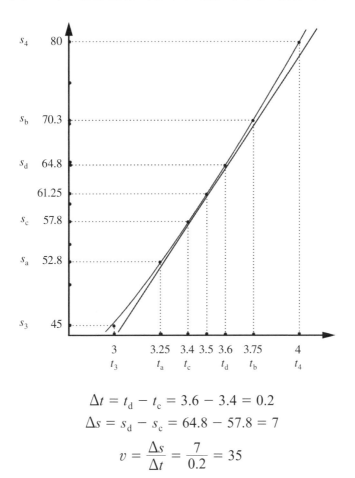

$$\Delta t = t_d - t_c = 3.6 - 3.4 = 0.2$$
$$\Delta s = s_d - s_c = 64.8 - 57.8 = 7$$
$$v = \frac{\Delta s}{\Delta t} = \frac{7}{0.2} = 35$$

이번에는 예상했던 결과입니다. 간격을 줄여도 여전히 같은 속도를 얻습니다.

실제 결과는 간격을 줄일수록 직선이 포물선에 점점 더 가까워지고 간격이 작아질수록 그 작은 간격에서의 속도는 일정하다고 간주할 수 있다는 것입니다.

그러나 이 간격은 얼마나 작아야 할까요? 이번에는 더 이상 '우리가 원하는 만큼 작게'라고 말할 수 없습니다. 이번에는 간격이 포물선의 한 점만큼 작아야 합니다. 왜냐하면 포물선의 각 점에서 속도가 다르기 때문입니다. 아주 조금이지만 다릅니다. 그러나 점은 차원이 없고 점은 '큰 0'이며 둘 다 0이 되면 Δs를 Δt로 나눌 수 없습니다! 대신 뉴턴과 라이프니츠는 두 간격이 점점 작아짐에 따라 두 간격 사이의 비율이 유한한 수에 가까워진다면 나눌 수 있다고 확신합니다. 기하학적으로도 상황은 매우 명확합니다. 간격이 줄어들수록 직선은 간격의 중간 지점에서 포물선의 접선이 되는 경향이 있습니다.

접선이 무엇인지 기억하십니까? 곡선과 한 점에서만 만나는 직선입니다. 각 지점의 속도는 해당 점에서의 접선 기울기에 의해 정확하게 주어집니다. 접선이 몇 개 그려져 있는 포물선 그림을 보세요. 이 선들의 기울기는 표시된 각각의 지점, 즉 '접선' 지점에서 물체가 갖는 속도를 나타냅니다.

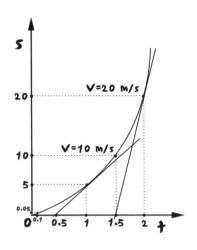

1초일 때 접선의 기울기는 10입니다. 우리 물체는 10 m/s의 속도가 되고 2초 후에는 속도가

20 m/s가 되는 식으로 계속됩니다. 이런 식으로 얼마나 오래 지속될까요?

시간이 증가함에 따라 속도는 항상 증가하며, 우리가 아주 오래, 무한한 시간을 기다릴 수 있다면 물체의 속도도 무한대가 될 것입니다! 그리고 이것은 뉴턴이 죽고 어느 정도 세월이 지난 후 과학이 직면할 작은 문제입니다. 하지만 새로운 수학으로 돌아가 봅시다. 뉴턴과 라이프니츠는 지속적으로 변화하는 양을 다루기 위해서는 곡선에 대한 접선을 계산하는 방법을 알아야 한다는 점을 이해했을 뿐만 아니라 접선을 계산할 수 있는 일반적인 방법도 개발했습니다.

포물선에 대한 접선을 계산할 때 이 방법을 사용할 수 있습니다. 하지만 수학을 조금 알 필요가 있다는 점은 경고하겠습니다. 모든 단계를 이해하지 못하겠다면 제 계산을 믿으세요. 하지만 사용된 방법을 이해하려고 노력해보십시오.

포물선 중에서 가장 간단한 방정식은 $y = x^2$입니다.

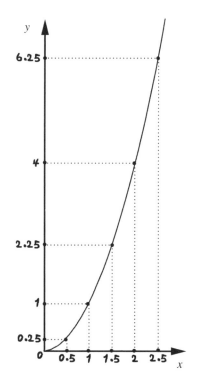

$x_0 = 0$ $y_0 = 0^2 = 0$

$x_1 = 0.5$ $y_1 = 0.5^2 = 0.25$

$$x_2 = 1 \qquad y_2 = 1^2 = 1$$
$$x_3 = 1.5 \qquad y_3 = 1.5^2 = 2.25$$
$$x_4 = 2 \qquad y_4 = 2^2 = 4$$
$$x_5 = 2.5 \qquad y_5 = 2.5^2 = 6.25$$

이제 $y = x^2$이 실제로 포물선을 나타낸다고 확신했으므로 숫자는 그대로 두고 문자를 사용하겠습니다. 모든 점과 모든 구간에 적용되는 일반적인 규칙을 찾아야 하기 때문입니다. 필요한 경우 포물선의 어떤 지점과 간격도 문자로 대체할 수 있습니다. 그림을 보세요.

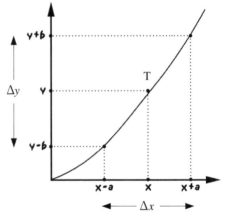

우리는 일반적인 점 x와 그것에 대응되는 점 y, 그리고 그 점들 주변의 간격 a와 b를 선택했습니다. a는 우리가 원하는 대로 선택해도 되지만, b는 선택한 간격 a에 대응해야 합니다.

이제 점 T에서 포물선에 대한 접선의 기울기를 계산하려면 간격 Δy를 구하고 이를 간격 Δx로 나누어 그 결과를 찾아야 한다는 것을 압니다. 그런 다음 간격을 점점 더 작게 해 같은 결과가 나오는지 확인합니다. 우리는 곡선의 각 점에 대해 $y = x^2$ 관계가 항상 유효하다는 것을 알고 있습니다. 그렇지 않으면 우리 곡선은 그림에 그려진 곡선이 아니라 다른 곡선이 될 테니까요.

그렇다면 점 $y - b$는 무엇일까요?

$y - b = (x - a)^2$이 됩니다.

따라서 또한 $y + b = (x + a)^2$이 될 것입니다.

계산을 조금 해보면

$$\frac{\Delta y}{\Delta x} = \frac{(y + b) - (y - b)}{(x + a) - (x - a)} = \frac{(x + a)^2 - (x - a)^2}{(x + a) - (x - a)}$$

$$= \frac{x^2 + a^2 + 2xa - (x^2 + a^2 - 2xa)}{(x + a) - (x - a)}$$

$$= \frac{x^2 + a^2 + 2xa - x^2 - a^2 + 2xa}{x + a - x + a} = \frac{4xa}{2a} = 2x$$

따라서

$$\frac{\Delta y}{\Delta x} = 2x$$

임의의 점 x에서 접선의 기울기는 $2x$입니다.

점 $x = 1$에서 기울기는 $2x = 2 \times 1 = 2$입니다.

점 $x = 2$에서 기울기는 $2x = 2 \times 2 = 4$입니다.

점 $x = 3$에서 기울기는 $2x = 2 \times 3 = 6$입니다.

그러나 점 x에서 접선의 기울기를 정확히 찾았는지 확실하게 하려면 구간을 줄여서 더 작은 a를 선택하더라도 결과가 달라지지 않는다는 것을 확인해야 합니다. 이는 a가 0으로 수렴하더라도 그 관계가 유지되는지 확인해야 하기 때문입니다.

그러나 우리가 얼마나 운이 좋은지 보십시오. 계산을 다시 할 필요도 없습니다.

사실 $\frac{\Delta y}{\Delta x}$ = 2x입니다. a가 방정식에서 사라졌으니까요!

우리가 어떤 a를 선택하든지 $\frac{\Delta y}{\Delta x}$ 는 언제나 2x일 것입니다.

균일하게 가속되는 운동

만약 당신이 이 부록의 이전 장인 '새로운 수학'을 읽었다면 이제 그 지식을 이용해 몇 가지 운동학 문제를 풀 수 있습니다.

속도 문제로 다시 돌아가 봅시다. 우리는 286페이지의 방정식 $s = 5 \times t^2$에서 시작해 각 지점에서의 속도를 알고 싶었습니다.

5가 t^2에 곱해지는 것을 제외하면 방정식의 모양은 포물선의 모양일 뿐이며, 5는 그저 포물선을 좀 더 좁게 만들 뿐입니다.

좋습니다. 우리는 $y = x^2$일 때 $\frac{\Delta y}{\Delta x}$ = 2x라는 것을 알고 있습니다.

따라서 만약 $s = 5 \times t^2$이라면 $\frac{\Delta y}{\Delta x}$ = 5 × 2t라는 것을 알 수 있습니다. 그러나 $\frac{\Delta s}{\Delta t}$는 바로 우리가 속도라고 정의한 것입니다.

따라서

$$v = \frac{\Delta s}{\Delta t} = 5 \times 2t = 10 \times t$$

이 공식을 이용하면 어떤 순간에서든 물체의 속도를 계산할 수 있습니다.

한 가지 더 주목할 점이 있습니다.

균일하게 가속된 운동에서 속도는 시간에 비례하는 것으로 밝혀졌습니다. 갈릴레오가 옳았습니다! 그는 아직 그것을 증명할 수 있는 수학 지식이 없었지만 어떻게든 그것을 알아낼 수 있었습니다. 이동한 거리가 시간의 제곱에 비례한다면(갈릴레오는 경사면에서 실험해 얻은 결과이기 때문에 이것을 확신했다) 속도는 시간에 비례합니다.

그러나 식욕이 식사와 함께 오는 것처럼 속도에 대한 이 아름다운 관계를 발견한 우리는 그것을 그려보고 싶은 마음이 들고 그것이 직선이라는 것을 즉시 알 수 있습니다.

따라서 기울기는 일정한 값으로 시간에 곱하는 숫자(10)와 같습니다.

그런데 시간에 대한 속도의 변화를 '가속도'라고 부르지 않았나요? 여기 자유낙하 운동에 대한 방정식이 있습니다.

$$a = \frac{\Delta v}{\Delta t} = 10 \text{ m/s}^2 \text{ (상수)}$$

$$v = a \times t \ (= 10 \times t; \text{ 시간에 비례})$$

$$s = \frac{1}{2}a \times t^2 \ (= 5 \times t^2; \text{ 시간의 제곱에 비례})$$

그런데 중력 가속도가 9.8 m/s^2 아니었던가요?

맞습니다. 그것이 올바른 값이지만 계산을 더 빠르게 하기 위해 10 m/s^2으로 근사했습니다. 실질적으로 크게 변하지는 않지만 계

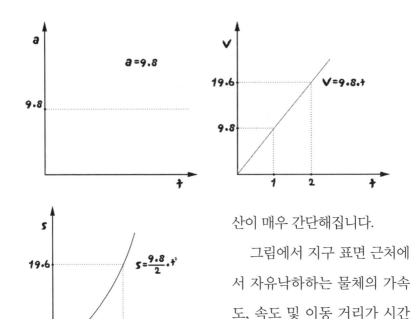

산이 매우 간단해집니다.

그림에서 지구 표면 근처에서 자유낙하하는 물체의 가속도, 속도 및 이동 거리가 시간에 따라 어떻게 변하는지 확인할 수 있습니다.

맥스웰 방정식

맥스웰의 방정식은 그때까지 관찰하고 실험한 것을 요약한 것입니다. 첫 번째 방정식은 패러데이가 당신에게 장미 방정식이라고 설명했던 것입니다. 방 안의 장미가 향기의 근원이듯이 방 안의 전하는 전기장의 근원입니다. 우리는 E를 전기장이라고 부릅니다. 패러데이 그림 옆에 맥스웰이 만든 해당 방정식이 있습니다.

$$\nabla \cdot E = \frac{\rho}{\varepsilon_0}$$

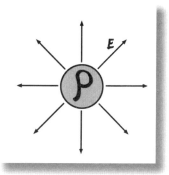

'E의 발산(∇, divergence)은 엡실론(ε) 제로분의 로(ρ)'라고 읽습니다.

수학에서는 점($\nabla \cdot$)과 함께 있는 이 삼각형을 발산이라고 부릅니다. 발산은 덧셈, 곱셈과 같은 수학적 연산이지만 숫자로 직접 수행되지는 않습니다. 전기장 E와 마찬가지로 힘의 장에 적용되는 연산입니다. 발산은 우리의 자유 전하 밀도 ρ(로, rho)가 놓인 지점으로부터 몇 개의 힘선이 나오는지를 '세는' 방법입니다. 상수 ε(엡실론)은 유전 상수라고 하는 숫자로, 그 값은 전기장이 가해져 있는 물질에 따라 다릅니다. 이 경우 ε_0는 진공의 유전 상수입니다.

이 이상한 방정식은 약간은 이집트 상형 문자처럼 보이지만 악보의 음표가 그것을 읽을 줄 아는 사람들에게는 아름다운 멜로디를 나타내는 것처럼, 여기에서도 그것이 우리에게 무엇을 설명해주는지 이해하는 것이 중요합니다. 장미 방정식은 다음과 같이 설명합니다. 전기장 E의 원천은 전하 ρ가 있는 곳에서 찾아야 한다고.

맥스웰의 두 번째 방정식은 다시 한 번 발산을 보여줍니다.

$$\nabla \cdot B = 0$$

B의 발산은 0과 같습니다.

B는 자기장입니다. 자기장 B의 원
천은… 0입니다. 자기장 B에는 원천이
없습니다. 자기 전하는 없습니다. 이

것은 또한 다음과 같이 읽을 수 있습니다. 자기장의 힘선은 '생겨나
거나' '소멸하지' 않으며 시작도 없고, 끝도 없습니다. 그것들은 닫
힌 곡선입니다. 발산이 발산되는 힘선을 세는 것이라면 이 경우에
우리는 아무것도 찾을 수 없습니다.

   그림을 보세요. 힘의 선을 세기 위해 원을 그리고 얼마나 많은
선이 원을 통과하는지 세어봅니다(원 밖으로 나가는 선은 + 부호, 들어
가는 선은 – 부호로 나타낸다). 전하의 경우(그림 A)에서 볼 수 있듯이
원을 떠나는 선의 수가 8개이지만 자기장의 경우(그림 B) 2개는 들
어가고 2개는 나갑니다. 합은 0입니다!

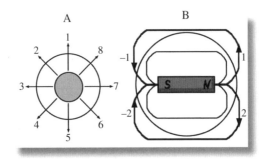

   이것은 자석이 하나 있을 때 S극이나 N극이 단독으로 있는 것
은 발견할 수 없으며 항상 쌍을 이루어 존재한다는 사실을 수학적
으로 표현한 것입니다. 따라서 자기장의 힘선은 닫혀 있습니다.

   위의 두 방정식을 읽는 또 다른 방법은 전하가 전기장의 원천이고(전하가 있으면 그 주위에는 장이 있다) 자기장의 원천은… 0입니다. 자기장에는 원천이 없습니다.

하지만 자기장은 존재하고 나침반 바늘은 움직입니다. 그렇다면 이 자기장은 어디에서 오는 것일까요?

우리는 앙페르와 패러데이의 말을 기억해야 합니다. 그 비밀은 전기동역학이라고 불립니다. 동역학은 움직임, 변화를 의미하지만 이것은 닫힌 힘의 선, 즉 소용돌이를 가진 것입니다.

소용돌이를 설명하려면 '회전curl'이라는 새로운 수학 연산자를 알아야 합니다. 방금 본 발산 연산과 마찬가지로 회전 연산 또한 숫자에 적용되는 것이 아니라 힘의 장에 적용됩니다.

회전 연산을 이해하기 위한 예를 들어보겠습니다. 자전거 바퀴가 도로에 정지해 있을 때 자전거를 앞으로 밀면 바퀴가 회전합니다.

참고로 바퀴가 땅에 닿지 않은 상태에서 자전거를 앞으로 밀면 바퀴가 회전하지 않습니다. 그렇다면 바퀴가 돌아가는 이유는 무엇일까요?

지면에 닿아 있는 부분은 노면과의 접촉에 의해 제동이 걸려 정지 상태를 유지하려 하고, 자전거 포크(바퀴의 중심)에 부착된 부분은 앞으로 밀리기 때문입니다.

바퀴 바깥쪽과 중심 사이의 속도 차이로 인해 바퀴가 구르게 됩

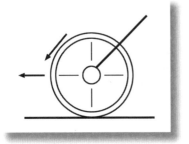

니다. 자전거를 밀면 바퀴 축 주
위의 회전 운동, 즉 소용돌이가
생성됩니다.

자기장은 자전거 바퀴에 있는
점의 궤적처럼 힘선이 닫혀 있기
때문에 소용돌이처럼 보입니다.

그리고 자기장을 생성하려면 앙페르가 관찰한 것처럼 전류가 흐르
는 전선이 필요합니다.

이를 설명하는 방정식은 다음과
같습니다.

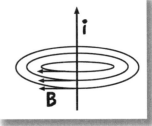

$$\nabla \times B = \mu_0 I$$

B의 회전 연산은 뮤(μ) 제로 곱하
기 I와 같습니다. 기호 $\nabla \times$ 는 회전 연산을 나타냅니다.

매우 이상하게 보이는 이 공식은 B의 힘선이 닫혀 있고 소용돌
이의 원인이 전류 I라는 것을 알려줍니다. 상수 μ(자기 투자율)는 측
정의 단위를 조절하고 물질에 따라 달라집니다. 이 경우 μ_0는 진공
의 자기 투자율을 나타냅니다.

아직 모든 것을 다 기술하지 않았습니다. 패러데이의 마지막 위
대한 실험이 남았습니다. 자기장이 시간에 따라 변한다면 힘의 선
주위에 '감겨 있는' 도체에 전류의 깜빡임이 발생합니다(2개의 솔레
노이드를 기억하십니까?).

방정식은 '너무' 어렵지 않습니다.

$$\nabla \times E = -\frac{\partial B}{\partial t}$$

E의 회전 연산은 마이너스 ∂t('디 티'라고 읽는다)분의 ∂B(디 비)와 같습니다.

$\partial B / \partial t$는 시간 t에 따른 B의 변화를 나타냅니다. E의 회전 연산은 시간 경과에 따른 B의 변화와 반대 부호(마이너스)를 가집니다.

B가 시간에 따라 변하면 전기장 E의 소용돌이가 발생하고, 이 전기장의 소용돌이는 다시 패러데이가 검류계로 관찰했던 전류를 흐르게 합니다. 우리는 지금까지 본 실험을 '정제된 형태'로 썼습니다. 그러나 그것이 전부가 아닙니다. 맥스웰은 자신의 천재성을 덧붙입니다. 시간에 따라 변하는 자기장이 전기장 소용돌이를 만든다면 그 반대 또한 사실이라고 그는 생각했습니다. 그에 따르면 실제로 시간에 따라 변하는 전기장 또한 자기장 소용돌이를 생성해야 합니다. 그래서 그는 세 번째 방정식에 항을 하나 추가했고 $\nabla \times B = \mu_0 I$ 는 다음과 같이 됩니다.

$$\nabla \times B = \mu_0 I + \mu_0 \varepsilon_0 \frac{\partial E}{\partial t}$$

이 방정식은 우리에게 예상치 못한 놀라움을 안겨줍니다. 전류 I가 0인 경우에도, 즉 전류가 흐르는 전선이 없는 경우에도 여전히 다음과 같이 유지됩니다.

$$\nabla \times B = \mu_0 \varepsilon_0 \frac{\partial E}{\partial t}$$

그리고 전하가 없더라도 여전히 값을 가집니다.

$$\nabla \times E = -\frac{\partial B}{\partial t}$$

이들 방정식(보다시피 더 이상 전하나 전선이 포함되지 않는다)은 시간에 따라 변하는 자기장이 전기장 소용돌이를 만들고 시간에 따라 변하는 전기장이 자기장 소용돌이를 만든다는 것을 보여줍니다. 그러면 시간에 따라 변하는 전기장이 시간에 따라 변하는 자기장을 만들고, 자기장이 다시 시간에 따라 변하는 전기장을 만드는 식으로 전선 없이도 전자기장을 전파할 수 있게 됩니다.

카르노 기관의 작동 원리

카르노 기관은 공기가 들어 있는 실린더로 구성되어 있으며, 실린더 내부에서 위아래로 움직일 수 있는 피스톤으로 위쪽이 막혀 있습니다. 일을 생성하기 위해 기관은 열원 위에 놓입니다. 가열로 인한 공기의 팽창으로 피스톤이 상승하면서 피스톤이 하는 일을 이용할 수 있습니다. 기관을 열원에서 치워도 피스톤은 계속 상승하지만, 공기가 팽창하면서 응축기(차가운 열원) 온도에 도달할 때까지 온도가 낮아집니다.

이 시점에서 기관은 응축기와 접촉하게 되고 피스톤은 처음 시작했던 위치로 내려갑니다.

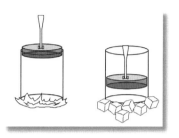

응축기로부터 기관을 떼어내서 다시 압축하면 공기는 다시 열원 온도에 도달합니다(외부와 열 교환 없이 기체를 압축하면 온도가 상승한다).

그러면 처음부터 다시 시작할 수 있습니다.

마지막 두 단계(압축 단계)에서는 일부 외부 일이 기관에 가해지지만 차가운 공기를 압축하는 데 드는 '비용'은 뜨거운 공기의 팽창으로 얻는 일보다 적습니다. 그러므로 결국 기관이 수행한 일에서 기관을 초기 상태로 되돌리기 위해 해주어야 하는 일을 빼도 여전히 생산된 일은 0보다 크고 기관은 작동합니다.

열기관의 효율

$$\eta = \frac{T_A - T_B}{T_A}$$

이것은 열기관의 효율의 정의입니다.

먼저 $T_A = T_B$일 때를 확인할 수 있습니다.

$$\eta = \frac{T_A - T_B}{T_A} = \frac{T_A - T_A}{T_A} = 0$$

2개의 열원이 동일한 온도에 있으면 효율은 0입니다. 동일한 온도에 2개의 열원이 있으면 일을 만들어낼 수 없습니다. 음, 이 시점에서 우리는 그것을 예상했습니다.

이론적으로는 차가운 열원이 절대 영도(온도는 사실 켈빈 온도 단위로 측정되어야 한다)일 때 가장 큰 효율을 얻을 수 있습니다.

그 경우 다음과 같이 됩니다.

$$\eta = \frac{T_A - T_B}{T_A} = \frac{T_A - 0}{T_A} = \frac{T_A}{T_A} = 1$$

현실적으로 그렇게 낮은 온도에 도달할 수 없으므로 효율이 훨씬 낮은 열기관으로 만족해야 합니다. 20°C 열원과 300°C 열원(각각 293 K 및 573 K) 사이에서 작동하는 열기관에 대해 계산해보면 효율이 50% 미만이라는 것을 알 수 있습니다.

$$(573 - 293) \ / \ 573 = 0.49 = 49\%$$